U0597701

职场菜鸟上位秘籍

方　圆　张春晖/编著

重庆出版集团　重庆出版社

图书在版编目(CIP)数据

职场菜鸟上位秘籍 / 方圆, 张春晖编著. —重庆: 重庆出版社, 2010.6
ISBN 978-7-229-02049-1

Ⅰ. ①职… Ⅱ. ①方… ②张… Ⅲ. ①成功心理学—通俗读物 Ⅳ. ①B848.4-49

中国版本图书馆 CIP 数据核字(2010)第 067542 号

职场菜鸟上位秘籍
ZHICHANG CAINIAO SHANGWEI MIJI
方 圆 张春晖 编著

出 版 人:罗小卫
责任编辑:陶志宏 何 晶
责任校对:杨 婧
装帧设计:重庆出版集团艺术设计有限公司·黄杨

重庆出版集团
重庆出版社 出版
重庆长江二路 205 号 邮政编码:400016 http://www.cqph.com
重庆出版集团艺术设计有限公司制版
自贡新华印刷厂印刷
重庆出版集团图书发行有限公司发行
E-MAIL:fxchu@cqph.com 邮购电话:023-68809452
全国新华书店经销

开本:889mm×1 194mm 1/32 印张:8 字数:195 千
2010 年 6 月第 1 版 2010 年 6 月第 1 次印刷
ISBN 978-7-229-02049-1
定价:22.00 元

如有印装质量问题,请向本集团图书发行有限公司调换:023-68706683

前言

职场新人被称为菜鸟，有两个主要特点，一是不知所措，不知道自己该干些什么，也不知道自己这样干对不对；二是对未来感到茫然，缺乏一个方向和目标。如果你是这样的职场菜鸟，本书愿意和你一起来解决这两个问题。

但这本书不是职场菜鸟速成手册，而是一本菜鸟上位手册。速成，比较重视包装，手把手地教你，拉扯着你，一招一式也能做得像模像样，但你可能还来不及理解，像是被人拎着一样，要是别人一松手，可能还会掉下来。

上位，就是上台阶，强调内在经验和外在行为的结合。等你自己领悟了，就自己抬腿上去了，站得稳稳的，很难再下来，一步步上位，最后成为高手。这本书就是希望作为职场新人的你在职场上走这一条路。

我们从职场追溯到幼儿园时代，刚进幼儿园的小朋友一般要哭两天，因为他离开了总是呵护自己的家庭，离开了自己熟悉的环境，遇到了一些以往从没见过的事，但这个过程很快就过去了。小朋友的适应能力其实很强，而且幼儿园的规则没有

那么复杂,老师也比较耐心,所以小朋友能很快进入角色。

职场菜鸟和上面的例子有相同之处,那就是来到一个全新的环境,要学习的东西很多,身上多了很多责任,而职场又是那么复杂,甚至可以说残酷,职场菜鸟要适应这一切,远比小时候适应幼儿园难得多,花的时间也更长,一年、两年、三年都可能。

如果你觉得自己是职场菜鸟,不要太着急,因为经验的积累是需要时间的,在积累的前提下产生的顿悟才是真正的认识,才能形成真正的能力。比如本书提到的时间管理,你也可以制订严格的时间表,强迫自己去执行,但往往过一段时间就坚持不下去,各种问题都可能出现,比如你发现时间表制订得其实不合理,你情绪沮丧时很难恢复,或者拖延的毛病一犯再犯,偶尔放纵一下自己,结果一发不可收拾……只有熟悉工作后,对时间的重要性产生深刻的体会后,你才能制订出符合自己情况,真正能执行下去的时间表,这时,你就上位了。

所以我们要强调职场新人的内在变化,好比一张时间表,人人都能拿出几张A4打印纸,看上去都很详细、很严谨,但一定能区分出"忽悠"的时间表和"上位"的时间表,一定有人纯粹是应付别人或应付自己,也一定有人通过执行这几张时间表创造出巨大价值。

对于职场新人,我们希望你认识到职场并非深不可测,它不是一门让人望而生畏的学问,职场是让人生存下去的场所,是给人带来快乐的场所,不需要太多的条条框框来束缚人,也不需要太多的潜规则来妖魔化职场，职场需要你敬畏它，但你不必畏惧它，只要你把握了职场的规律，它就乐意为你提供驰骋的疆场。

从这样的角度，本书提出了职场新人在工作过程中需要注意的一些要点，很多是具体的建议，当然也是点到为止，这些要点饱含职场经验，希望能对你产生触动，产生顿悟，举一反三，形成自己的认识，总结出自己的规则，当你沿着这些职场进阶一步步走上去，那就上位了。

目　录
CONTENTS

CONTENTS

CONTENTS

第一章

菜鸟报到：态度决定一切

很多新人觉得初入职场一头乱麻，这里是禁区那里是规则，不知该从何着手。要抓住一个中心，这个中心就是要找到一个正确的态度，就是把心放平：平凡的工作，平凡的人，平凡地度过每一天。

菜鸟的心总是七上八下的，其实想多了没用。你看公司里的老员工，一天天上班下班，表情很安详，做事有条不紊，他们的心态是平和的，你不妨向他们学习，试着让自己平和一点，不要患得患失的。

为了把心态放平，最好对过去说再见，让自己清零，以往的那些标签，好的还是坏的，都撕掉，现在，你仅仅是一个新员工，一个职场菜鸟，其他的什么都不是。

身为菜鸟的你，大事干不了，小事一定要多干。不要想着一

进公司就抓住一个机遇，成就一番大事，你的工作经验、动手能力都很欠缺，凭什么能独当一面，甚至一鸣惊人？如果你只是在做一些琐碎的事，要相信，这并不是浪费时间，小事也应该干得漂亮，公司把你招进来，也不会只让你一直打杂，公司是在给你学习的机会，让你积累经验。

这时的你，应该抓住机会观察公司运作流程、了解行业知识，向老员工学习工作方法，分析和借鉴别人的思维方式、行为方式，遵守公司纪律，学习职场礼仪。认真学习、踏实做事，这样每天都能得到有价值的收获。

不要心存幻想，总想着某一天出现奇迹，馅饼从天上掉下来砸中自己，真正靠得住的是自己。当然，付出就会有回报，平凡中孕育着奇迹，要相信自己，相信未来！当你每天在平凡的工作中踏实做事，还能保持内心的热情，对未来的期待不会被平凡的日子磨灭，那么，你就是一个合格的新人。

新人出场大方自然

上班第一天，别紧张。

很多新人心里七上八下的，觉得这里要注意那里要小心，担心自己给大家留下不好的印象。其实，最容易给人留下印象的恐怕就是紧张。

别紧张，路还长，不要把这一天看成了不起的日子，这只是万里长征第一步，相信自己能够一直走下去就行了。

放松一点，以喜悦的心情享受上班第一天。

很多职场新人事后回忆，上班第一天是最累的，虽然什么事也没做，回到家却疲倦得不行，非得躺到床上去休息。这说明他心里真的很紧张，消耗了太多精力，所以觉得很累。即便只是听听领导讲话，跟大家见个面，作个自我介绍，接下来可能是到处走走看看，看上去很轻松，但他的身体是绷着的，心里是紧张的。

紧张也没有用，未来的职场之路会怎么样，谁也说不清楚，踏踏实实地走下去就行了，要对自己有信心。

作为职场新人，你以什么形象出场？上班第一天还是穿上整洁、稳重的正装最合适。

如果是上班第一天，有必要提醒一下，别穿新衣服。如果你以为自己是新人，所以要穿一件新衣服，老板见了可能会皱眉头：难道我招进来一个小学生？

道理和前面一样，你觉得是非常重要的日子，对公司来说，对职场来说很平常，你也要以平常心、平常身来对待这一天。

穿上整洁、稳重的正装最合适。如果是八九月份进公司，女生穿剪裁得体、落落大方的西式套装；男生穿衬衫加长裤，穿皮

鞋就行了。

如果你第一天穿正装，没人会说你什么，上班后发现公司里面对着装没有明确的要求，老员工们都穿得很休闲，那也没什么，第二天换过来。相反，如果你第一天穿得很休闲，T 恤、短裤、凉鞋什么的，公司里面的人却都西装领带的，你就显得太随便了，至少这一天会觉得不自在。

上班时也不要带比较大的背包或是挎包，那么大的包，你想在里面放些什么呢？如果你要带一个记事本和一支笔，可以带一个小包拿在手上。如果是男生，干脆就揣在裤兜里，空着两手，随时可以投入战斗的样子，显得更精神。

发型应当注意一些。男生最好把头发剪短些，留长头发的人总会被人怀疑要去当艺术家。女生有一头秀发的话，可能会舍不得剪掉，如果你有勇气剪一头清爽干练的短发去上班，那么，连你自己也会为自己的全新面貌而欣喜。

如果需要作自我介绍，一定要表现得大方自然，不要紧张、怯场。自我介绍可以简单一些，不需要刻意表现自己。

一紧张，说话难免会出差错，要么是用错了词语，要么是语速过快，表现生涩，令气氛尴尬。自我介绍可以简单一些，不需要刻意表现自己，现在不是求职阶段，同事们也不是招聘主管，你和他们相处的时间还长，有什么优点他们以后会知道的。另外你也不是作演讲，不需要华丽的言辞来展示自己的水平。把你的姓名、年龄说出来就行了，如果能够用一两句风趣的话表达一下自己的性格，效果会更好。

如果你的姓名中有不常见的字，要把这个字的读音和意思告诉大家，一来帮助别人记住你的名字，二来也表现出你的细致。

只要不紧张，你的自我介绍就没多大问题。但你想给大家留下更好的印象，可以在这上面多下点工夫。最好事先写一个简单的自我介绍，事先在家里练习一阵，自我介绍时面带微笑、精神饱满、话声朗朗，相信大家一定会对你印象深刻。

要是你发现其他新同事的自我介绍时间都比较长，表达能力也比较强，这时你感到很紧张，不知道说些什么好，怎么办？

不要紧，你就这样说："各位同事早！我叫×××，×××部门的，今天是我第一天上班，有点紧张，我就不多说了，请大家多多关照。谢谢大家！"说完面带微笑给大家鞠一躬，事情就过去了，至于你的内在优点，比如踏实和勤奋，同事们以后一定会了解的！

介绍自己的性格时，注意不要显得搞怪做作，风趣是一件人人都喜欢的好事，难度在于把握分寸，刻意幽默，往往适得其反。

作为新人，要花点工夫记住别人的名字、头衔。怎么称呼别人，要留心观察一下。

最好准备一个小本子，把接下来几天你可能要接触的人记下来，如果同是新人，有机会可以跟对方简单交谈几句，你是哪

里人，从哪个学校毕业的，你住的地方离公司远吗，几句话，可以帮助你不费力地记住对方的名字。

以前你实习的时候可能习惯喊别人老师，现在你要留心观察一下。很多公司都有自己的一套“文化”，有些公司强调平等，员工之间习惯直呼名字，你如果还叫人家老师，就是拿自己当外人了。有些公司比较重视等级，新人都对老员工喊老师，你如果直呼其名，人家会觉得你不懂礼貌。

第一天你可能没多少事干，别贪玩。但没必要刻意地表现自己。

如果主任对你说，今天差不多了，你就上上网吧，你真的就一屁股坐到椅子上，到下班也没起身，把剩下的三个小时全部拿来上网，去自己常去的论坛里灌水，还上 QQ 和同学聊天，屏幕上，小企鹅闪个不停；或者看见没人来管自己，觉得挺无聊，一个人待在办公桌旁边看了半天报纸；以为没什么事了，就来到走廊上找一个角落，给同学或朋友打电话，虽然说话声音不大，但一打就是半个小时。

这样的表现，当然是不及格。主任对你说没什么事，有可能是他没考虑好让你干什么。要认真找一找的话，要做的事也许不少。

“主任，我看这堆资料有些乱，要不要我清理一下？”“噢，好，好。”办公室角落一堆不知什么时候的资料，扑满了灰尘，主任也想找个时间清理清理，一直没有动手，你这一来，算是帮了他一个忙。当然，也许这堆资料并不需要清理，但你表现出了主动意识，表明你在努力进入工作状态，这才是重要的。

在日本，有的大学毕业生上班第一天干什么呢？你想不到。他们给老员工擦皮鞋。可见，上班第一天不在于你干大事小事，重要的是表现出一种态度。

再提醒一下，你没有必要在上班第一天刻意地表现自己。给大家留下好印象，不仅是指上班头几天，更重要的是整个试用期内。

你想想，你能在三个月内连续保持这种状况吗？恐怕不能。如果你前几天表现过于抢眼，难免会消耗太多精力，以后总会进入调整状态，那时就会让人觉得后劲不足。如果你性格比较沉着、稳健，而工作开始的几天中，你过于友善、活跃、笑容可掬，那么你的做作可能不会持续多久。等到几周后你“原形毕露”时，人们也会感受到你这种变化，觉得你有些“怪”。

你是要在这三个月试用期加紧学习，争取发挥出自己的能力，而不是挖空心思在上班的头几天拼命表现。

作为职场新人，你应该提醒自己的是：有信心。

虽然很多事情你都不会做，但你并不自卑，而是相信自己：他们能做到的，我也能做到。我不会输给他们。这就是你的信心。你的信心不是给别人看的，你不需要特别表现出来，你自己

心里有数就行了。

初进公司，肯定有很多你不会做的事，不了解的事，没什么，只要观察、适应、学习，最后你会取得成功。

像平常一样做自己的事，认真地做，才能真正给大家留下好印象，你在公司的前景会因此而变得光明。

菜鸟也要讲职场礼仪

菜鸟的职场礼仪，从说“你好”、“谢谢”开始。

把你全新的热情和活力，也通过“谢谢”两个字表现出来吧！

上班第一天，你说得最多的两个字，可能是“你好”。

菜鸟的职场礼仪，从说“你好”、“谢谢”开始。

在家里或许用不着对父母说“谢谢”，在学校说的也不多，你和同学相处时，大家像兄弟姐妹一样，很少把“谢谢”两字挂在嘴上，但现在你要开始说“谢谢”。

一个美国心理学家声称他通过研究发现，能够心存感激，经常说“谢谢”的孩子情商更高：机灵、热情、坚定、细心而且更有活力。而且，这些孩子也更乐于帮助别人。这说明“谢谢”两个字有一种魔力，它能对别人产生感染，能把你的热情和活力通过简单的两个字传递出来。

在职场中,你不必压制自己的热情与活力,尽情地通过“谢谢”两个字表现出来吧!

你怎样说“谢谢”?表达谢意并不是随口一说,有时需要更进一步。

虽然是一个简单的事,但对于新人,还是有必要提醒一下:眼睛直视对方,口齿清晰。

两个人互相注视的时候,交流的效率最高。你看着对方,才能表现出真诚。另外你也不要不好意思,含含糊糊地说声“谢谢”,而要口齿清晰、语气坚定地说:“谢谢!”

要有所指。

你握着对方的手,脸涨得通红,一个劲地甩人家的手,口里连声说:“谢谢谢谢,谢谢啊!”也许你在电视上常常见到这样的场面,别把自己也弄成这样,你不是一个被施舍对象,你是一个职场新人,你握着对方的手,微笑着说:“谢谢你,今天为我的事跑两趟了。”

表示回报。

要在表达感谢的基础上进一步,你就向对方表示回报。对方给你提供帮助,也许并不要求回报,但你可以表达你的心意:“谢谢你,下次有需要帮忙的地方,给我说一声。”当然,你这样说绝不是一句客套,你一定要说到做到。

深入一点研究，说“谢谢”其实可以分为两类：有心和无心。

当有同事看见你在工作中遇到一点困难，顺手帮你一把，你对他微笑着说“谢谢”，也许你在将来会和他成为好哥们儿，成为并肩作战的好战友，但你还是要对他表示感谢。有时候当面没有来得及，事后你在 QQ 上不要忘了给他发一个留言表示感谢。或者发一个手机短信，把谢谢两个字补上。

如果有人帮你办一件事，付出了时间和精力，比如联系租房子、联系医院、代买车票之类，无论结果如何，你都要告诉他最后的结果并真诚地表示感谢，因为他也很想知道这个结果。他可能是把你作为一个长期伙伴对待的。

上面所举的例子，就是“有心”之谢，是真诚的感谢，抱着一颗感恩的心对帮助你的人说“谢谢”。将自己感谢的心情，加上实际行动和声音表现出来！

还有一种谢谢，我们不妨称为“无心”。

日本“松下电器”的创始人松下幸之助说过这样一句话：即使是无心的一句“谢谢”，也会让对方感到高兴。“谢谢”这句话，请更加直白地说出来吧！

什么是无心的“谢谢”？是没心没肺，见人就谢的意思吗？不，这里的谢谢，就是工作礼貌用语。

看看下面这几句：

“到办公室后找我一下，谢谢！”

“明天加班吗？谢谢！”

“你快点过来。谢谢!”

这就是职场常用的礼貌用语,它和前面所说的感恩之谢有一定区别。在一些重视职场礼仪的公司,你要多注意观察,看其他人是如何说“谢谢”的。如果进入外企,更要注意这种职场礼仪,多说谢谢,即便是一些正常的工作往来。

它是一种礼仪,也是一种态度。

我们进入职场的目的,也是为自己的幸福和大家的幸福而努力,让我们开始说“谢谢”吧!

那么在职场中,是否要把谢谢成天挂在嘴上?不尽然,还得看公司的文化和氛围。

我们来看看人们常说的“礼多人不怪”这句话,要注意两个字,一是“多”,二是“怪”,这两个字同时出现,即便中间加了个“不”字,也说明了两者之间的关联。

不要因为自己是新人,就到处说谢谢,随随便便地说“谢谢”,会损害你的信用度。假设我们承认“谢谢”两个字有魔力,同时就会产生一个能量的释放与积储的问题,如果不加区分,没有理由地说谢谢,会使这个词的力度稀释。你真正想表达感激时,别人却难以感受到你的真诚。

作为职场菜鸟,开始阶段多说“谢谢”是难免的,但一天到晚地谢谢,几乎每句话后面都跟一个谢谢,恐怕自己和别人都可能吃不消。

“礼多人不怪”这句话，更多地是在生活中起作用，在职场中，质量比数量更重要，礼仪的表达不在多而在准确，因为职场是讲效率的。

那么，针对不同公司文化和氛围，作为菜鸟如何把握呢？

如果你进的是外企，记得要多说“谢谢”，外企更重视职业礼仪和规范。

如果你进的是民企，要注意在恰当的时候说“谢谢”，态度的真诚更重要。

如果你进的是只有十几个人的私企，或者新办的小公司，不必成天“谢谢”来“谢谢”去的，因为小公司比较重视同事间的私人关系，公司文化常常强调大家就像兄弟伙伴一样，在这样的公司，你成天说谢谢反而让人觉得生分。

所谓有心与无心之说，不是让你怀疑它，让你小心翼翼，而是希望你重视“谢谢”这两个字，这是职场礼仪中最重要的一部分。

希望你用感谢和喜悦来思考人生，将感谢和喜悦当成习惯。

新人对职场应该有敬畏，要讲职场礼仪。
宁当菜鸟别做“雷人”。

“他们什么都敢说，讲话不管场合，有领导在场也无所谓！”现在的职场新人常给人留下这样的印象，往好处说是无知者无畏，往坏处说是很傻很天真，不讲职场礼仪。

职场“雷人”多数是1985年以后出生的新人，他们很多是独生子女，家庭的负担少，追求自我的独立，的确给职场带来了一些新现象。他们当然有自己的优点，但多数都是职场新人，优点还没能展开，所以也说不上来，比较明显的感觉就是“雷人”。

这些“85后”职场菜鸟，喜欢穿颜色鲜艳的衣服，打扮得十分“卡哇依”，脸上带着天真可爱的表情，不知道的人还以为是来公司玩耍的“小朋友”。

手头一没工作就在电脑上聊起了QQ、MSN来，也不顾及大家的感受，一会儿蹦出一个滴滴滴的提示音。没事偷偷聊QQ也就算了，那也该把声音关了，别让别人知道啊。可“85后”们就明目张胆！

在一个公司的培训会上，一个漂亮的女孩站起来自我介绍道：“我是八六年出生的，可能是这个公司最小最年轻的，大家要多多指教哦！”还没等她坐下来，又一个女孩抢着站起来说：“其实她说错了，我才是公司最小的！我八七年出生的啦！”这两个女孩娇滴滴的话让老职员面面相觑，低头忍不住偷笑起来。

后来，老职员们还发现这些女孩还“特别勇敢”。知道自己和某个领导住得很近后，一个女孩兴奋地跟领导说：“我跟您顺路，您回家带我一程吧！”这让大家感到特别“雷”：刚来才多久啊，就敢这么大胆！

一个公司里的几位领导商量一个活动的相关费用，其中包括要给来宾一些礼金。办公室主任在桌子这端汇报完，领导正

要指示该怎么做，桌边一名"85后"忽然来了一句："啊？还要给他们钱，这不是灰色交易吗？"办公室主任一听，脸立马拉下了。一旁的领导瞪了瞪眼，咳嗽了一声没理他。会后，办公室主任特意把他找来谈话，告诉他："有些话不能这么说，行业里的事有不懂的可以私下问问我，但别在这种场合随意蹦出来这样'雷人'的话。"

新人成为"雷人"，当然与时代大环境有关，同时也说明他在职场礼仪方面的准备工作不足。作为新人，不要把"雷人"看成是值得骄傲的事，一副"我是新人我怕谁"的样子，"雷人"终究是不受待见的，古今中外皆如此，不仅职场，但凡带"场"的，包括情场、战场，都不待见"雷人"，因为谁也不愿意被"雷"。

做不做"雷人"，不是一个技术问题，是一个态度问题。新人要对职场有正确的认识，有敬畏之心，职场是大家的"场"，不是你一个人的"场"，不是让你展现个性的地方，不是玩耍的地方，职场是人们维持生存和发展的场所，是严肃和重要的场所。

新人也不要反感别人对"雷人"的不待见，要勇于接受批评。不是职场来满足你的个性，而是你去适应职场的需要。新人在职场要多学习，多思考，多意识到自己的不足，虚心一些，谨慎一些。

新人应该知道的一些职场礼仪。

首先你要明白职场礼仪的特点是简单、高效。这一点职场礼仪与社交礼仪有较大差别。

下面是你应该知道的一些职场礼仪：

工作场所，男女平等

职场礼仪没有性别之分。比如，为女士开门这样的“绅士风度”在工作场合是不必要的，这样做甚至有可能冒犯了对方。请记住：工作场所，男女平等。

将级别低的人介绍给级别高的人

要明白平等和等级的区别，如果需要向别人进行介绍，正确的做法是将级别低的人介绍给级别高的人。如果你在进行介绍时忘记了别人的名字，不要惊慌失措，更不要干脆不介绍了。你可以这样继续进行介绍，“对不起，我一下想不起您的名字了。”与进行弥补性的介绍相比，不进行介绍是更大的失礼。

握手要有力，直视对方

握手是人与人的身体接触，能够给人留下深刻的印象。当与某人握手感觉不舒服时，我们常常会联想到那个人消极的性格特征。强有力的握手、眼睛直视对方将会搭起积极交流的舞台。

道歉不必太动感情

即使你在社交礼仪上做得完美无缺，你也不可避免地在职场中冒犯了别人。如果发生这样的事情，真诚地道歉就可以了，不必太动感情。表达出你想表达的歉意，然后继续进行工作。将你所犯的错误当成件大事只会扩大它的破坏作用，使得接受道

歉的人更加不舒服。

谈完事情要送客

职场中送客到公司门口是一种礼貌。如果是很熟的朋友知道你忙，至少要起身送到办公室门口。实在忙不过来，可以请同事帮忙送客，一般客人要送到电梯口，帮他按电梯，目送客人进了电梯，门完全关上，再转身离开。如果是重要客人，甚至可能要帮忙叫出租车，帮客人开车门，目送对方离开再走。

对别人给你倒水要有礼貌

有时你到其他公司去办事，有人给你端来一杯水，一滴不沾是不礼貌的举动。虽然你觉得自己不渴，或者担心人家的水不干净，再怎么样，也要举杯小抿一口再放下。如果人家给你泡一杯热茶或煮咖啡，千万别忘了赞美两句。

熟悉公司和行业环境

一个狙击手进入伏击区域，第一要务是熟悉地形。军队开赴一个新的地点作战，首先要熟悉地形。你进入一个新公司，也要熟悉环境，一个人的作为，与他所处的环境所能接受到的周围信息有关，与他被环境信息触发的思维有关。

如果你对环境有陌生感，不仅走路是缩手缩脚，办事也会磕磕碰碰。熟悉环境，才能了解公司的情况及自己的位置，才能根据需要发挥出自己的能力。

其实老板也很清楚，不熟悉环境的新人不便给予任务。他也在等待新人熟悉环境，这个过程当然是越快越好。

有的新人意识不到这一点，或者说缺乏主动性，等着上级给自己加任务，给自己熟悉环境的机会，左等右等，时间和机会浪费了。你要积极一些，主动去熟悉环境，而不是等待机会。

公司的最大环境不是办公室及休闲区域，而是人。先熟悉自己部门的人。这些人是你的工作伙伴，他们将会对你的工作产生很大的影响。其次是与你工作会产生联系的所有人。你观察他们，看看他们在做什么，是怎么做的。

有些公司在新人入职后，可能会给新人安排一个老员工，对新人进行传帮带，有点像工厂里的“师傅”，帮助新人迅速适应新环境与新规则，并在技能、方法、内部成长方面给予跟进指导。这的确是一种非常有效的办法。

多数公司没有这种安排“师傅”的传统，这时就需要发挥你的主动性，你的情商到底如何，这时就可以检验一番了。通常一批新人进公司不到半个月，情商之间的差距就会表现出来。有的人结识各个部门的同事，或者已经交到合得来的朋友，给公司中高层留下好的印象。有的人还抱着“我是新人”的想法，不大愿意和老员工接触，也就学不到东西，了解不到公司的情况，上班来下班走，每天没有多大收获，这样的新人，已经比别人慢

了半拍。

除了人，还需要了解公司文化，不同的公司都有自己的一套办法和程序。比如，你的部门主管是喜欢凡事向他汇报，还是希望员工独立处理问题。有的公司等级森严，要求员工以服从为天职，不折不扣地执行上级的命令；有的公司则强调公司所有员工兄弟般的关系，要求员工自我管理，工作时发挥创造性。你只有了解到公司的这些习性，才能更快地找到自己的行动方向，借势而上。

如果同事间有些活动，你一定要多参与。一是与大家多熟悉，培养感情，二是借机多了解一下公司和同事们的情况。

接下来，你还需要知道一些相关的行业知识，包括公司所在行业现状，公司在业内的地位和产业链上的位置，关注公司内部的职业机会。

虽然你在应聘公司时对该行业有一些了解，但那只是表面印象，真正的了解需要深入其中。

了解行业，你需要做的有以下几点：

1.了解公司所在行业的发展状况：该行业是朝阳产业，还是夕阳行业？这样你就能知道几年后自己积累的工作经验，对职业发展有什么帮助。如果转入相关行业，还需要补充哪些技能，或自己可对哪些领域进行研究、谋求发展。你可以在工作中不断关注行业评论，听取前辈们的观点，渐渐深化认识。

2.了解公司在行业内的地位,关注公司的战略发展,所在公司是代表行业发展方向,还是面临内忧外患、业绩正在下滑等。这样你就能知道自己能和公司一起走多远,你的3~5年计划也就有了雏形。即使公司在规模、盈利、薪酬等各方面都不算最好,但是对如一张白纸的新人来说,有足够的东西可以学习是最宝贵的。工作技能、企业规章制度、企业管理、上岗培训的知识积累,以及对职场礼仪、办公室政治等职场潜规则的学习,都是职场生存的重要基础。

3.关注职业机会,熟悉公司内部的组织结构。包括公司有哪些部门,各个部门的职能、运作方式如何,自己所在部门在公司中的功能和地位,所在部门内同事的头衔和级别,公司的晋升机制等。对公司整体框架有了概念,你就能初步明确自己在公司的发展前景,从而争取主动、实施计划。在做好本职工作、积累职场经验的同时,还可以积极为下一份工作做准备。

每天早上花几分钟看新闻,掌握最重要的时事。阅读和本行业相关的书籍。和同事、公司的客户,或者本行业的人交谈。

虽然你是个菜鸟,一样要关注全球形势,现在是全球化时代,一个重大的新闻会影响到很多行业。华尔街一家银行倒闭,你的公司业务也可能会下降30%,虽然两者并没有任何直接的联系。

阅读和本行业相关的书籍,如果主任办公室甚至老板办公

室有这些书籍而你真的想读，可以直接向老板借，他一定会喜欢好学的新人。

和同事、公司的客户，或者本行业的人交谈，可以了解到很多信息。

了解运作流程

什么是流程？流程就是做事的顺序和做事的方法。无论我们做什么事情，都会有一个流程。

“要求大专以上文化三年以上管理经验，熟悉公司行政管理流程，有一定的书写组织能力。”

“本人两年广告公司经验。熟悉各种操作流程。”

“本人德语专业毕业，精通口语，有工作经验多年，熟悉公司一切业务流程。”

以上几条既有招聘启事，也有求聘简历，都提到了熟悉流程，可见其重要性。

无论我们干什么事，无论在生活、休闲还是工作中，都有一个“先做什么、接着做什么、最后做什么”的先后顺序，这就是我们生活中的流程，只是我们没有用“流程”这个词汇来表达而已。

有人用包元宵来解释什么是流程管理，颇为形象生动。

“流程管理就是要让工作效率更高的一种工作，拿包元宵来说，流程就是从粉团中取出一小段，揉匀，捏成草帽状，放馅入草帽中，封口并搓成元宵状。流程管理可以做什么呢？从操作方法来说，妈妈的速度是最快的，我们几个孩子则速度各有不同。按理说，年轻人手脚比妈妈快才对，为什么速度还慢呢？妈妈说，我包的时间长，有经验。那经验是什么？她也说不上来。”

你和妈妈比赛过包元宵吗？如果你也采取下面介绍的流程管理的方式，用心一点，你会比你妈妈包得更快：

其实很简单，我们来观察一下妈妈是怎么包的，然后对比一下自己，看看不同点在哪里？哪一些是可取的，哪一些可能不可取。

仔细观察妈妈包了五个元宵，发现速度快的原因有以下三点：

1.从粉团取出粉的时候，她是一次完成的，我们会判断是多了还是少了，是增加一点，或者减少一点，浪费了时间。

我们虽然没有经验做到一次取好，但可以将粉团搓成均匀的长条状，然后只要控制长度就可以控制粉团的量。大家试了一下，很容易做到一次取好而且使元宵大小更均匀，比妈妈凭经验的操作方法更精确。

2.我们在揉粉的时候花了很多的时间，妈妈则基本不揉。粉揉得均匀，看起来会光滑一点，但据有经验的人介绍，元宵蒸熟后

就很难看出差别;而且吃起来没有差别,这个动作也可以去掉。

3.将粉团捏成草帽状时,妈妈是两只手同时作业,而且口捏得比较小。我们是一只手,口捏得大,使得在后面封口的时候增加了难度,还浪费了时间。

这还是初步观察的结果,如果做慢动作分析,或者找邻里做得最快的人来对比分析能够找到更有效的方法。大家可以尝试按新的方法操作一下,相信动作肯定会快很多。

这时我看了下我们坐的凳子,太高了,时间一长腰就酸了。我说如果在企业肯定要换一张矮一点的凳子,使腰保持直立状态,不容易酸。妈妈说有道理,她坐矮椅子就不会腰酸。

我又观察了一下取粉团的动作, 由于粉团放在妈妈面前,我们是包完一个就站起来,去妈妈面前的粉团掐一小段。我立即和他们说,这个动作是浪费的,无用的。我将大粉团分成四小团放在每个人的面前,大家就不用站起来了。

这就是一个流程管理,小到包元宵,大到公司运作,都需要流程管理。新人要从一开始就有流程意识。

一个公司要往前发展,必须要脱离流程的自发状态,进入管理和优化的状态。新人要从一开始就有流程意识。

新人如何把握流程?一个简单的办法是抓住流程的终端。

有些新人进入公司后对流程没有概念,公司里没有人提到这两个字,更没有人来教他们熟悉流程或给予熟悉的机会。这个公司像是没有流程,或者根本不把它当回事。

这样的公司依旧有流程,只是没有形成意识。每个公司、每个企业都有流程,但在一些公司里,流程处于自发状态,以潜规则的方式运行。这并不意味着这些公司的流程一定有问题,也可能在长期的运作中不自觉地进行了优化,也可能存在着很大的问题。

一个公司要往前发展,必须要脱离流程的自发状态,进入管理和优化的状态。

作为新人往往会对流程感到茫然,这个概念深入下去会很复杂,很多问题已不是一个新人所能思考和涉及的范畴。那么新人如何把握流程?一个简单的办法是抓住流程的终端。

一个公司最主要的流程就是如何运作并产生利润。如果一个公司创利尚可,它的流程就没有问题。如果创利持续下降,说明公司的运作模式已经不适应发展需要,公司流程需要进行调整或再造。你抓住公司的创利能力,更进一步,抓住公司客户的满足感,再返回来看公司的流程,事情就会清晰得多。

无论你是什么身份,都应该抓住这一流程进行思考,这关系到整个公司的前途,也包括你个人的前途。那些流程处于自发状态的公司对新人是不利的,它们往往不重视对新人的培训,新人常常得不到有效的指导,得不到公司积累下来的间接经验的培养,只能在实际工作中碰撞出自己的实际经验,这对个人和公司而言都是一种损失。

新人一定要树立流程意识。即便公司没有强调流程管理，你也应该仔细观察公司的流程。如果你想最终成为一名管理人员，成为公司高层，更应熟悉流程。

了解公司运作流程，是为了清楚自己的工作流程，让自己更好地开始工作。

新人要了解工作流程，在工作中要多学、多问，遇到棘手或者拿不准的问题，万不可不懂装懂，需要多多请教老员工，因为他们更加熟悉公司的环境，多与老员工沟通会避免自己走弯路。

有些新人进入公司后，发现人们都在干自己的事，自己无从参与，而且也没有人来引导他们，每天来公司常常只是干坐着，很着急。这时你不妨观察公司的运作流程，思考自己在其中的位置，找到自己要做的事。公司的产品开发或技术工艺真的就没有问题了吗？公司的营销或管理也没有毛病了吗？问题多半有一些，而且因为大家都很忙，往往被忽略了。你不妨趁这个机会做个有心人，多思考一些，无论对自己还是对公司都会有好处。

当然，这并不是叫你去挑错，看到一个错误就像发现一个宝贝，大声嚷嚷起来。也许你真的发现了问题，但你能解决吗？解决问题才是最重要的，很多问题存在着，不是因为没有发现，而是没有好的办法解决。所以你要继续学习，争取能解决问题。

了解公司运作流程，了解公司的企业文化，也就对自己所要做的事更多了一份理解，才能做到知己知彼，百战不殆。

注意沟通方式和细节

打电话是一种职场常用的沟通方式，每天都会用到，别以为你熟悉打电话，很可能你一开口就暴露出你的菜鸟身份。

你拿起电话第一声是什么？是说“喂”？

职场菜鸟还需要了解如何打电话吗？这个问题看上去有些奇怪，20 年前的大学生出校门时可能连话筒也没拿过，但现在的大学生从中学时期可能就有了自己的手机。已经打了好几年的电话，还需要学习吗？

你拿起电话第一声是什么？是说“喂”甚至“喂喂”地叫个不停？

职场中很多时候接电话的第一句话应该是“你好”，对象包括公司的客户、客人、同事，他们给你打电话，是需要交代工作或寻求你的帮助，你应当表现出礼貌和热情，所以应该招呼一声“你好”，一个简单的招呼，营造出一种友好合作的氛围。

有的公司为了让员工打招呼时不要用“喂”，甚至采取了硬性规定，发现有谁违规就要进行处罚。不要认为公司管得太宽，

也不要认为这种处罚没有道理，公司也是为了让你养成好的习惯。

问候语除了普遍的“你好”之外，还可以因时、因人、因地而变。早上10点以前，可以问声早安，10点到12点问声上午好，12点到14点问声中午好，但这时要注意对方是否在休息。14点到18点问声下午好，晚上18点到21点问声晚上好。21点以后，如果没有急事，就不要再给对方打电话，以免影响他人休息，如果有要事交代，可以先发个短信，说明一下是什么事，问对方是否方便现在接电话。

电话铃响以后，什么时候接电话也有讲究。

这里面其实有讲究。有的新人从事销售工作，负责在办公室接电话，电话铃响过一声就接起，可能会受到老销售的白眼。应该等一等，电话铃再响一声后接起。你在销售产品，产品质量上乘，销路还不错，你也有点忙，所以电话响两声才接可以理解。如果电话一响就接起，对方会感觉你比较猴急，好像坐在桌前等着电话似的，这是为什么呢，莫非贵公司产品有了问题，出现积压？

但在服务、售后、维修部门又不一样。电话响一声就接，对方也许因为产品出了点问题，正在火头上，稍微慢一点他就觉得是故意的。

一定不要让电话响三声以上才接，那是工作怠惰、懒散的表现。所以，最好不要让手机离开身边，有的人爱把手机放在桌边，有时出去了，电话在桌上响半天也没人接，电话那头的人一定会有想法——这人在干什么？

打电话要投入，要有想象力。

别以为人家看不见你，打电话也是在塑造自己的形象。打电话时，你如果让对方感到好像见到你一样，那你就是一个真正善于打电话的人。

你要在通话时赋予声音和话语以表情、情绪和形象，就像演员面对镜头时一样，好像对方就在面前看着你，这样你就能够保持愉快的情绪，避免不愉快的事情发生。心理学家说，人们在打电话时容易发脾气，但在面对一个人谈话时，则比较容易控制情绪。有些人平时对人还不错，可是一打电话就机械、单调，甚至粗声恶气，像吵架一样，叫人听起来很不愉快。这是因为他没有运用想象力，不能像双方面对面谈话那般亲切、有礼。

说话速度要比平时速度略微缓慢，必要时把重要的话重复两次；提到时间、地点、数字，一定要交代得非常仔细。

接电话时身体要坐直，如果感到疲倦或困乏，不要在沙发或椅子上斜躺着，不妨站起来。身体的姿态影响着打电话的语气，虽然对方看不见你，但很容易从你的语气感觉到你当时的状态。

打电话时要注意自己的音量，像面对面讲话那种音量就行了。有的人一拿起电话嗓门就大起来，好像他的电话出了问题

而一直没有解决似的。大嗓门不利于树立自己的声音形象，而且还会“扰民”。

打电话要简洁，抓住重点。

遇到需要打断对方时，一定要向对方说“对不起”，并告知原因。

帮助同事接电话也是一种团队合作。

不要让 E-mail 彻底代替电话。

所以之前最好有所准备，如果内容复杂，可以事先在纸上列出来或打腹稿，以免遗漏或表达不充分、不准确。当然，简洁不等于省略，还是前面说过的，就像两人见面一样，寒暄、说明来意、提问、讨论、达成共识、道谢、道别，程序上都要做到。

遇到需要打断对方时，一定要向对方说“对不起”，并告知原因，而不是简单地说“你等一下”。如果需要中断谈话，也要道歉并告诉对方理由，约好什么时间再联系，而且你要保持主动，而不是要求对方什么时候和你联系。很多新人在这方面有忽略，不能像面对面交流时那样保持礼数。

道别后挂断电话时，不妨让电话停顿一下，特别是上司、客户和客人的电话，不要让对方听筒还在耳边时就听到你重重的挂断的声音，那会让对方不舒服，虽然你是无意的，但人性就是这样。所以你最好听到对方挂断后再放下电话。

帮助同事接电话。当旁边的同事离开了，他的座机电话响起,你应当主动接起电话并为他记下留言。如果能够帮着处理的,比如找人、问某件事之类,你就立即回答,同事来了给他说明一下。帮助同事接电话也是一种团队合作。

但如果是同事的手机在响,那就不要去接,这是不礼貌的行为。

不要让 E-mail 彻底代替电话。

有些公司喜欢用 E-mail 进行沟通,这样有很多好处。但很多人有这样的感觉,当习惯用 E-mail、QQ、MSN 或短信时,发现自己能不打电话时就尽量避免打电话,因为"怕人家烦",尤其是需要道歉、澄清、辞职、砍价时。这样发展下去的结果是,你的口头沟通能力下降了! 你甚至已经无法面对电话中的客户、老板或同事了!这样不行!必要时拿起手机拨过去,用礼貌、清晰、抑扬顿挫的语言跟对方沟通,让对方充分感受到你声音的魅力和你的执行力。

在公司里不要大声讲私人电话。
开会时记得关掉手机。

在公司里讲私人电话已经不应该,要是还肆无忌惮高谈阔论,更会让老板抓狂,同事心里也会嘀咕。

新人一定要做到开会时把手机调到震动状态或关机。有时公司里开会的人比较多,你以为发几条短信老板看不见? 不要把老板当睁眼瞎,再说你那几条短信真的重要吗,很可能就是

和同学朋友聊几句天气什么的。

试用期态度最重要

对于刚刚步入职场不具备经验的新人，公司肯定是抱着发展眼光来看的，不至于过分挑剔工作经验不足的问题，会重点看你是否具有培养潜力，是否有积极的工作态度。

所以，心态积极一些，不要成天忧虑会失败，你只管认真做事，效果会更好。

许多新人在试用期会产生“如履薄冰”的感受。试用期虽然是为公司和个人双方都提供了解与磨合的机会，但企业显然在其中占据着主动地位。

新人入职之后，职能部门和人力资源部门便开始对他的工作进行考核。职能部门的考核，重点在于其个人的专业水准是否能足以应付所在岗位要求，而人力资源管理部门则重点在于考核该职员对新环境的适应能力、人际交往能力、协作能力、表达能力等方面。当然，对于刚刚步入职场不具备经验的新鲜人，公司肯定是抱着发展眼光来看的，不至于过分挑剔工作经验不足的问题，会重点看他是否具有培养潜力，是否有积极的工作态度。

心态积极一些，不要成天忧虑会在试用期遭遇失败，那样真的会导致失败。胜败乃兵家常事，你只管埋头做事就行了。有些公司往往会多招聘进来一些人，保持20%或者更高的淘汰率，你担忧得过来吗？如果你事情做得漂亮，最后没有成为正式员工，那是老板的损失。而你一定能找到更好的工作。

态度决定一切，这句话你也许听得有些腻了，但它在新人的试用期真的很灵验。

你不必刻意张扬自己或压抑自己，最重要的是找到融入感。

有些人对你说，新人在试用期要尽量表现自己，活跃一些，争取主动；有些人对你说，新人还是要规矩些，平平安安地度过试用期，把上级交代的事干好就行了，你该怎么办？

其实两种情况都是经验之谈，两种情况都能找到许多成功和失败的例子。你不必刻意张扬自己或压抑自己，最重要的是找到融入感。尽可能把自己当成一个老员工。老员工在融入公司方面一般是没有问题的，你缺乏的正是这一点，你需要老员工那种融入的气场来感染你自己。公司对新员工也有一个逐渐认识的过程，但对于有融入能力的新人，他们很快就会发现。

当然，愿意融入这个公司与否，新人还会有一个权衡：自己适合这个行业吗？适合这个公司嘛？如果觉得不合适，自然得想到重新找工作。这时你应该果断一点，如果真的认为你不会在

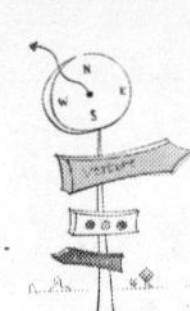

这个公司待下去，不妨转身走人，给自己和公司节约时间。不过遇到这种情况要慎重，中途离开，在你的简历上将是一次失败的经历。

不过，谨记自己不是“超人”，别将所有责任背上身。公司并不会要求你解决所有难题。所以最好专注去做一些较重要和较紧急的工作，这比每件工作都弄不好理想。在一个理想的环境下，某件工作可能需要三个星期去处理，实际上，上司可能希望你立即完成，却没有提供足够的培训，所以应随时准备多学点东西，要赶及期限可能要加班，甚至把工作带回家做。在许可的情况下，可寻求同事的协助，但切忌把同样的问题发问多次，有必要时应将重点记下以帮助记忆。

试用期要注意调节自己的情绪，尤其要注意不要“感染”职场菜鸟容易犯的几大“错”，虽然并不是什么大错，但它们会对新人的心态带来很坏的影响，如果不及时制止错误的情绪，就会影响你的行为，到时后悔就来不及了。

时常反思一下，看看自己是否陷入了某种不良情绪，有的话就赶紧调整，你的精神面貌马上就会焕然一新！

有空就对照一下，看看自己有没有菜鸟容易犯的五大错：

1.自卑

新人进入公司后，有时会感觉自己一下子变笨了，什么都不会，什么都要别人教。身边的很多人，无论在经验或心态上都比自己要优越得多。新人的“无知”是暂时的，是自暴自弃呢，还是迎头赶上？相信大家自有选择，因此说自卑是可怜的也是可笑的，它从来都是弱者的代名词，它是一种让人颓废的“精神鸦片”，而新人是要坚决抵制的。

2.害怕犯错

因为对业务不熟，做事总是前怕狼，后怕虎，害怕犯错误，挨批评，因此进步很缓慢。我们都知道失败是成功之母，很多成功都是从失败中总结经验教训的。如果一直是顺利的，无一点小差错，也就不可能知道自己在哪方面有欠缺。须知犯错是新人的一个过程，允许新人犯错，但关键是要知道自己错在哪，下次不犯同样的错误，就好了。当然，你也绝不要放纵自己，犯下一个大错，那样谁也救不了你。

3.期望宽容

这是新人普遍具有的心理感受。像“我才上几天班啊，出点问题是当然的。”“我才来几天啊，磨合慢也是可以原谅的吧？”作为新人，虽然有些事情是可以原谅的，可以接受的，但抱着这种期望别人宽容的心态是绝不可以原谅的。期望别人宽容，本身就意味着不承认错误，为自己犯错找借口，那样只能让自己懒懒散散，一事无成。

4.孤独

由于新人大都来自五湖四海，大家都有陌生感，有些人会觉得孤独；同时，新人不仅要面对新的领导、新的同事，还要面

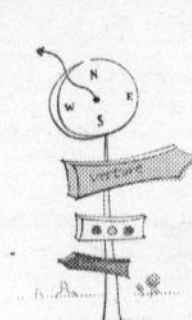

对他们不同的处理问题的方式，这使他们感觉很棘手，有时会感觉到新人和老员工或领导之间有着明显的分界，自己显得很孤立。在强调分工合作、团队意识的今天，这种孤独的感觉无疑会影响团队合作。面对种种“孤独”，我们要坦然：面对新的工作环境感觉陌生，不用怕，我们会尽快适应；面对新的人或事，不用急，路遥知马力，日久见人心，我们会真诚对待我们身边的人。

5.嫉妒

人人都有私心，看见别人比自己强或机会比自己好，就心里不舒服，有时甚至耿耿于怀，殊不知，嫉妒会让自己陷入泥潭而不能自拔，只记着看别人风光，而忘了自己应加倍努力，下次争取赶上别人。带着一种良好的心态，羡慕别人可以，但不要嫉妒，它会让人偏激、狭隘。要经常与自己比，看到自己一天天在进步，也就会有一种成就感，而不必嫉妒别人，要坦诚地接受别人，学他人的长处，这样才是有益的。

让职业成就一生的梦想。你的未来，无论是现实保障还是人生梦想，都将在职场中体现。不管你在职场初期遇到什么困难，从今以后要有一个信念：做一个职场人。

年轻人的想象力很丰富，但一个人最终会过着脚踏实地的生活。

从现在开始，你的生活和职场联系在一起，职场会给你带来很多烦恼、痛苦，但对于大多数人来说，职场会给他们的一生带来保障，他们的人生、家庭幸福都通过自己在职场的努力得以实现。

从今以后做一个职场人，职场人的意思是，把职业当成一个神圣的事物对待，而不仅仅是谋生的手段。作为一个职场人，就要做到敬业、专注。从基本目标来说，是挣一份工资而谋生，从高标准来说，是一种自我价值的实现。

而职场，并不是一个呼之即来、挥之即去的物体，它是平凡的、也是一个伟大的“场”，世界上无数人都在这个“场”中劳动、创造，为自己的生活提供物质保障，为自己的人生成就梦想。你在职场中的努力，一定会得到丰厚的回报。

一个职场人要从各方面严格要求自己，要通过自己的职业工作塑造自我。要清楚职场人的责任，即每一个人作为社会的一分子，不是孤立的一个人，每个人都在自己的工作岗位上，承担着一份社会赋予你的职责。不管你现在是什么样的菜鸟，你都要相信，自己将会勇敢地站在人生的道路上，通过职场中的努力，实现自己的人生。

第二章
菜鸟进阶一：职业精神养成

不知道你会花多少时间洗去身上的“菜”味，换得一身纯正的职业气息？

人是要有一点精神的，职场菜鸟也要有一点精神，那就是职业精神。没有职业精神的人，永远是职场菜鸟，他们脱下西装或工装，就再也看不出一点在职场行走过的影子。而有职业精神的人，无论到哪里，一举一动，有经验的人一看就明白，他是个职场中人。

要散发纯正的职业气息，有一样东西是绝不能含糊的，那就是诚信。

虚情假意的人是骗子，油腔滑调的人是混混；在江湖中行走靠的是义气，要在职场中走上阳关大道，必须讲诚信。诚信是职业精神中最重要的因素，有诚信的企业和人才能在职场中长久地走下去。没有诚信的企业和人，虽然他们有时排场很大，却会在不经意间轰然倒塌，安然的假账事件，三鹿的毒奶粉事件都说明了这一点。

一个职场菜鸟有了诚信，他就不会被职场轻易淘汰，为什么呢？因为他借了势，诚信是职场中最伟大的势，菜鸟可能在职场技能和工作经验上还有所欠缺，但他通过诚信和职场联系在一起，就一定能在职场中走得更远。

职业精神是抽象的东西，但它没有你想象的那么复杂，下面罗列的几条，如果你能做到，坚持下来，你的职业气质基本上就形成了。

诚信比能力更重要

诚信是一个人走进职场最被注重的品质。

几乎所有企业和领导用人都特别注重两项主要指标：诚信和才华，而且往往把“诚信”放在第一位。企业、领导所信任、所倚重的也大都是那些诚实、可靠的人。

在很多情况下，领导宁可提拔那些才华并不出众、能力一般，但忠心耿耿、诚实可靠的下属，也不重用那些能力、才华很高，但不忠诚可靠、有“精神辞职”的人，因为领导认为这更有利

于企业的利益和他的事业。

有些人可能不太理解，认为才华是一种更重要的能力，公司发展靠的是才华而不是诚信。为什么老板们会更看重诚信呢?

首先来看，忠诚对于一个团队来说，无疑是最重要的素质，是其他一切素质的基础。假如一个员工没有忠诚，那他所有的才华对公司来说可能是无用甚至有害的。三国时期刘备之所以能找到自己的一片天空，是因为他找到了几名忠诚的“员工”：张飞、关羽，以及“鞠躬尽瘁，死而后已”的诸葛亮。这几个人的才华发挥都建立在忠诚的基础上。因为忠诚，刘备也才能放心地让他们去做事。

所以，你不要仅仅把忠诚看成是一种品德。忠诚也是一种能力，是其他能力的栖息地。没有忠诚的能力，谁敢用你?

一家知名企业在300多封简历当中，最终挑选了两名学生。他们相中这两名学生的理由很简单：简历中体现的材料没有做假，实事求是描述自己的能力。面试时的表现也非常诚恳，有一说一，不懂的问题也不会逞强。有很多面试者把自己的能力写得天花乱坠，结果在具体询问时，这个不会那个不会。虽然只是细节，但体现他们的诚信品质，招聘者会为自己找到了两个忠诚的员工而满意。在一堆新人的简历中，最闪闪发光的就是在细节中体现出的忠诚品质。

对于职场菜鸟，诚信的品质比实际技术更加重要。因为学校里学的专业知识毕竟不完整，也在一定程度上缺乏实用性，一般都要到企业中经过实战操作，才会真正熟悉专业技术。你在技术上能为公司带来多少新东西呢？不，你没有这样大的能量，你带来的最好礼物是自己的忠诚。

一个职场菜鸟最基本的人品和素质其实是企业最关注的东西。如果人秉性诚实守信，那么以后的道路基本不会走歪；但是若新人原本就有点滑头耍小聪明，怎么正确引导都可能偏离轨道。忠诚的员工对公司总是有用的，即便有些人技术上差点，没有关系，总有岗位适合他做，如果他的忠诚得到老板认可的话。

有些老板看上去非常注重新人的才华和技术，你千万不要以为忠诚在他那里不重要，因为忠诚是一种基本的、绝对的要求，一般情况下不需明说的。没有老板要求你举手发誓，甚至这方面一句话也不提，但他们可能对忠诚有很高要求，他们跟你谈的只是技术和能力，但一旦发现你在诚信上有问题，马上就会说拜拜。

一个注重自己诚信度的人，一名讲诚信的员工，要避免频繁跳槽。

企业需要的是能带来价值的忠诚。

有人曾对天津大荣公司进行过一次调查，在对该公司年龄在35周岁以下的860名员工的调查统计基础上，发现任职5年

以上的员工有160人，其中大专以上学历的均进入管理层，其他的也都在公司里居于可靠的位置，或做大领班，或在保安、物管、储运等部门成为业务骨干。连续任职达3年以上的员工也都被公司安排了稳定的位置，而有80名具有高等学历的员工却仍被公司小心翼翼地“试用”，其最大原因在于这些员工在进入大荣公司以前都有过多次跳槽的历史记录。

在许多年轻人心目中，跳槽是一种时尚。他们在内心里瞧不起那些恪守职位的人，认为他们没有胆识，欠缺闯荡世界的勇气。从一些频繁跳槽者身上流溢出玩世不恭的神情，缺乏从业者起码的敬业精神。

对于企业来说，他们并不喜欢履历表上太复杂的人，尤其是年轻人，这使人感到他们没有定性，缺乏诚信，不可靠。所以请各位选准方向，然后坚持，任何工作一定是坚持到最后才收益最大。

当然，员工光有忠诚是不够的，企业需要的是能带来价值的忠诚。如果你想仅靠忠诚获得一份收入，那就很被动了。

员工跳槽对公司会有不利因素，但也是常有的事，而背叛公司则会造成严重的打击。一名职场人应该有这样的信念，任何情况下不能背叛公司，不能以背叛作为自己职场上生存发展的筹码。

有一个叫罗格的技术开发员，意外地被要求待岗。待岗比辞退好不到哪里去，只不过每月能够领到一点点象征性的生活费。之前，他一直都拿着较低的薪水，没有什么积蓄，一家人的生活陷入了困境。

在他刚待岗的几天里，一连接到三个奇怪电话。电话里有人自称是他上班的那家公司的竞争对手，他希望罗格为他提供一些罗格所在公司的机密，作为回报，对方可以给罗格一份工作，或者给他 10 万块钱。

第一次接到电话时，罗格断然拒绝了。第二次，对方将报酬提高到 20 万元，罗格还是拒绝了。

“那家公司已经让你待岗了，下一步很可能就是辞退你，你有必要为他们保守机密吗？”电话里的那个人问。

“替公司保守秘密，是我的做人原则，即使我已经离开了这家公司。”罗格说。

第三个电话打来时，罗格正在四处告贷，以维持家庭开支。而这时，电话里的那个开价已高达 50 万！

罗格还是拒绝了。

那个电话再也没有打来，一切似乎都过去了。然而一个星期后，罗格很意外地被通知去上班，老板把代表公司最高荣誉的奖章——忠诚奖章发给了他，同时，老板还给他一份聘书，聘任他为公司技术开发部经理。

原来，那三个电话都是老板安排人打的，根本不存在什么竞争对手，那不过是干部聘任前的一项考察而已。

背叛公司,就等于背叛自己,你的身上将背着一辈子都擦拭不掉的污点,还有人敢用你吗?没有!你的职场生涯也因此而蒙上阴影。

一名讲诚信的员工,无论何时何地,都应维护企业的利益。

创新工场董事长兼首席执行官李开复曾谈道:"我曾面试过一位求职者,他在技术、管理方面都相当出色。但是,在谈话之余,他表示,如果我录取他,他可能把在原来公司工作时的一项发明带过来。随后他似乎觉察到这样说有些不妥,特别声明:那些工作是他在下班之后做的,老板并不知道。这一谈话之后,对我而言,不论他的能力和工作水平怎样,我都肯定不会录用他。原因是他缺乏基本的处世准则和最起码的职业道德:'诚实'和'信用'。如果雇用这样的人,谁能保证他不会在这里工作一段时间后,把在这里的成果也当做所谓的'业余之作'变成向其他公司讨好的'贡品'呢?这说明,一个人品不完善的人是不可能成为一个真正有所作为的人的。"

老刘从前是一家国企的高级工程师,是厂里培养的"土"专家:先送他读研,又出国培训,后来提拔他当设计室主任,掌握了企业的核心技术。为此,单位和他签订了无固定期劳动合同及专业技术人员保密协议,给他的待遇在国企算是很拔尖了。

一开始,他也很知足,曾信誓旦旦地在大会上表态:"工厂就是我的家。"但过了两年,他无意中接触到竞争对手——一家私营企业的老板,这个老板亲自陪他到高级娱乐场所消费,花花世界的诱惑，打开了他心中的另一扇窗。他动摇了，向对方暗送秋波，竟发展到出卖企业机密。事情败露后，又和企业翻了脸，跳槽到竞争对手的麾下。

谁知知识更新的速度一日千里，几年以后，这家私企榨干了他的油水，变了脸。因为一件小事，老板的儿子阴着脸讽刺他说："天知道，这些年你会不会像过去一样，明修栈道，暗度陈仓？"这刺激让他如梦方醒，但晚了，因为他的失信行为，在同行中早就没有了后路，他得了严重的抑郁症。私企老板索性借故辞退了他，他也变成了一个废人。

诚信是人在职场上的立身之本，也是企业的立身之本，丢失了诚信，就等于在心里种下了病，春风得意时显不出来，但一遇风吹草动，就会跳出来算后账。

一名讲诚信的员工，对企业要有"归属感"，视企业如家，因此很多小细节不可忽略。一名讲诚信的员工，对同事要讲诚信。

有的人对企业没有"归属感"，感觉"铁打的营盘，流水的兵"，工作时间内浪费企业的资源。上班时，私人电话随便打，办公用品随便用，随便跑出去买个人物品，过多地闲谈聊天、打牌、下棋或做其他与工作无关的私人事务；下班时，不关灯，不关空调，因为在他们看来，那是"公家"的。

一位老板曾经这样评价一位当着他的面打私人电话的员工："我想，他经常这样做，否则他怎么连我都不防？也许他没有

意识到这有悖于职业道德。”

像不关电灯、当老板面打私人电话这类事，你可能认为只是小事、年轻人不拘小节，但老板不一定这样看，他认为你这是没有归属感的表现，没有把公司当成家，只是一个过客，因而很多方面不在乎。前面说过，老板可能会跟你谈技术，但不会跟你谈忠诚，他只是从细节进行观察。你要表达出自己的忠诚，这些细节决不能掉以轻心。

一名讲诚信的员工，对同事要讲究诚信。职场中，同事之间的关系很重要。调查显示，六成职场人对同事的信任程度一般，不会什么事情都跟同事说。近两成职场人表示对身边同事的信任感较差，认为职场上很难找到可靠的人。也有14.4%的职场人认为自己身边大多数同事都很可靠。所以，同事中虽然不乏可信任之人，但毕竟是工作上的伙伴，事关工作上的是是非非，还是尽量避免跟身边的同事太近乎，如果给同事留下“大嘴巴”的印象，就会影响同事对你的信任，同时也可能会影响你和同事的关系。和同事的关系的处理也要把握一定的度，不要和同事关系过于疏远，也避免过于亲近。

人人要讲诚信，这不仅要从语言上讲，形成诚信的氛围，更重要的是要从行动上讲，践行诚信文化，把诚信体现在岗位工作上，体现在实际行动上。

当然，诚信是双向的。公司要求你忠诚、守信，公司也要对你讲诚信，要对你的诚信给予一定的回报，这种回报并不只是指金钱，而是公司对员工生存发展的责任心。

现在有些公司单方面要求员工忠诚，却对员工不忠诚，尽做表面文章，表现有三：

其一，花言巧语“骗心”

勾勒美好远景是激励员工工作积极性、鼓舞士气的一种有效管理方式，尤其是当企业处于经营困难时期，领导者更应该懂得如何通过许诺给员工“打气”。但令人遗憾的是，当企业在员工的忘我工作中艰难地走出低谷的时候，一些好大喜功的领导者往往会不自觉地将功劳一股脑儿地归功于自己“高超”的管理方式，只是象征性地给“卖命”的员工一些“血汗钱”，将之前对员工许下的“豪言壮语”抛到九霄云外。殊不知，这是对员工自尊心的极大伤害，在日后的工作中必定会处处谨慎行事，出勤不出力也就不足为奇了。另外，现代便捷的通讯工具也让一些企业不守信用的坏名声迅速传扬出去，日后招聘进来的员工也很难有“抛头颅、洒热血”的工作作风。

其二，规章制度“套心”

一些企业领导者认为，只要束缚住人才的身体，有朝一日必定会赢取人才的芳心。于是，为了“困住”人才，多如牛毛的“禁流”措施接踵而至。不可否认，通过签订法律合同、制订苛刻的规章制度等方式的确可以把一部分人才“困”在企业，但这种

以强制手段维系员工对企业忠诚的做法无异于缘木求鱼。因为企业虽然可以规定员工的工作时间，但无法界定知识型员工的工作努力，而知识型人才的工作绩效取决于工作努力而非工作时间，所以企业的这种硬性约束其实没有什么实际意义，粗暴的管理方式却会激起员工的反感情绪，使员工产生消极怠工的心理。

其三，高额薪金“换心”

国内外的研究早已证实，高薪与员工的忠诚度并非正相关。员工在一段时间内会关注薪水，但员工如果对工作失去了兴趣，单单靠金钱是不能留住他们的。金钱换不来忠诚，关键你得让他们工作有乐趣。高薪留人是最后的选择，员工既然为了高薪投奔你的旗下，有一天也会因为稍高一点的工资弃你而去。企业只有肯在知识型员工的职业生涯规划上下苦工夫，设身处地地为人才的个人发展着想，不遗余力地为人才的自我实现搭建更加宽阔的舞台，才能真正达到“以心换心”。

职场菜鸟虽然不是公司重点关注的人才，但可以细心观察公司对人才的态度，是如何挽留人才的。当然，不管公司对员工的态度如何，你只要还在公司一天，就要坚守自己的职责和诚信，正所谓“宽以待人，严于律己”。

从团队利益出发

我们只有把团队利益放在第一位，树立个人利益服从团队利益的意识，自觉转变观念、摆正位置，才能在团队统一支配下发挥出自己的能力、完成自己的任务。

胜利的团队没有失败者、失败的团队没有胜利者。

什么是团队？传统的诠释就是我们常说的“集体主义”，时髦的诠释就是一条工作链。大到一个民族、一个国家，小到一个组织、一个单位都是一个团队。

什么是团队精神？团队精神的内涵就是团队的绩效大于其单个成员绩效的总和。有效运作的团队，需要具有业务专长的成员、具有解决问题和决策能力的成员、具有组织协调能力的成员来组成。

在《西游记》里，取经团队是很精悍的，唐僧是决策成员，孙悟空是具有较强业务能力成员的代表，猪八戒和沙和尚是从事辅助工作和具有协调功能的成员，如果把他们分开，谁也到不了西天，也取不了经。

团队本身就是一个大系统，由若干成员组成，所有成员在系统内部都有固定的位置，这些位置互相衔接，互相渗透，共同

构成一个动态的有机整体。我们只有把团队利益放在第一位，树立个人利益服从团队利益的意识，才能在团队统一支配下各司其职、各尽所能。

一些新人在进公司后会参加拓展训练，其中有一个游戏项目叫企业版图，就是让人明白团队利益与个人利益的关系。该游戏将一个团队人员分为七组，其中有一个核心组，其余为实施组，每一个小组都有自己的任务，相应的任务有不同的分值。各个实施组之间的任务有矛盾点也有统一点，可用资源有限，最终需要通过核心组的统一调度指挥来实现团队任务。不同的团队之间相互竞争，最先实现团队任务者获胜。

在这个培训项目中通常可以看到两种不同的思想，一种是无私奉献，把自己手中的资源分给其他组员，而另一种就是个人利益大于一切，为了自己组的利益、得高分，而拿着手中的资源不分享。

游戏结束时，参加游戏的所有人员关注最多的是整个团队的积分状况，很少关注某个小组的具体得分多少，因为游戏的规则是：最先完成任务的团队获胜，不考核单兵作战能力。个人成绩只有通过整个团队价值的实现才能得到认可，否则什么也不是。

也就是说：胜利的团队没有失败者、失败的团队没有胜利者。

在一个企业里，单独的一个部门干得很出色、很优秀、很成功，而这个企业却不成功，那么这个部门再优秀、再成功也是等于零。

从团队利益出发，就要懂得团结协作的技巧。团结协作的技巧，一是求同存异，二是学会沟通，三是积极倾听。

进入一个团队后，每一个人都必须有很好的协作精神，充分发挥团队成员之间的优势互补作用，大家同舟共济，劲儿往一处使，才能达到“1+1>2”的团队效果。

团结协作的技巧很重要，可以借鉴以下三方面的内容。

一是求同存异

这是团结协作的关键。共事中，如果一方面希望和同事进行很好的沟通合作，另一方面又强调差异，这样只会使彼此之间距离越来越远，矛盾越来越深，最终使合作破裂。

既然在一起共事，就应把注意力放在双方的共同点上，站在同一立场上，设身处地为对方着想，尽量减少差异，以达成共识。学会为他人着想，就会产生同化，彼此间的关系就会更加融洽，双方合作才会成功。

二是要学会沟通

同事之间的良好沟通，可以使你左右逢源。

工作中，遇事应先打招呼，以减少误会，加深理解，增强信任。有了事先的充分沟通，执行起来更能够吸引对方的参与。

沟通过程中要摒弃一些坏的习惯，比如，他人的隐私不可

外扬，不要在同事之中私下议论领导的一些短处，不要在同事前炫耀自己的能力，应多提建议少提主张，尊重彼此之间的差异，避免主观臆断和好为人师等等。

沟通之后，必须要言行一致、信守承诺，这样彼此之间才会形成某种默契，更有利于工作的开展。

三是要积极倾听

你有希望被同事了解、理解，得到同事的信赖和支持的愿望，同样你的同事也有这样的愿望。因此如果希望自己被他人了解，就先得学会听他人的倾诉。只有愿意了解他人的人，他人也才愿意了解你。倾听就是相互了解的重要途径。

要积极地倾听而不是消极地倾听，积极地倾听表现出对人的尊重，加深了相互的信任，也让对方更愿意和你分享信息。在对方说话的时候，努力理解他们在告诉你什么，问一些问题，精力完全集中在说话人身上，直视他的眼睛，观察他的态度和身体语言。有时候人们说一件事情，但是通过身体语言却在传达着另外一层意思。你需要积极倾听来得到一个准确的解读。

从团队利益出发，同事间应懂得分享。任何人要有所作为，就必须把自己融入团队之中，与大家齐心协力，这样才能赢得发展。

分享才能共赢。无论是在自然界，还是在一个企业组织，这个道理都是通用的。

老胡是一位果农，经过精心研究，他培植了一种皮薄、肉厚、汁甜而少虫害的新果子。正当收获季节，引来不少果贩纷纷购买，使老胡发了大财，增加了不少收入。

当地不少人羡慕他的成功，也想借用他的种子来种果子，老胡认为物以稀为贵，其他人也种这种果子将会影响自己的生意，所以还是自己独享成功的喜悦为好，于是全部都拒绝了，其他人没有办法，只好到别处去买种子。可是到了第二年果熟季节时，老胡的果子质量大大下降了，果贩们也都摇头不买他的果子了。老胡伤透了脑筋，只好降价处理。

老胡想弄清楚产生这种现象的原因，于是就来到城里找专家咨询。专家告诉他，由于附近都种了旧品种果子，而唯有他的是改良品种，所以，开花时经蜜蜂、蝴蝶和风的传播，把他的品种和旧品种杂交了，当然他的果子就变质了。"那可怎么办？"老胡急切地问。

"只要把你的好品种分给大家共同来种，就可以解决这个问题。"

老胡立即照专家的说法办了。这一年，大家都收到了好果子，个个都喜笑颜开。

老胡自以为独享财富，岂料独享就那么短暂，而且还带来毁灭性的后果。后来，他把改良的品种分给大家来种，不仅自己获得了财富，也帮助别人获得了财富，取得了"双赢"的效果。

成功者都明白一个最简单的道理：合作则两利，分裂则两

败。这就像一棵树，无论它怎样伟岸、粗壮和挺拔，也成不了一片森林；一块石头，无论它怎样大，也成不了一面墙。任何人要有所作为，就必须把自己融入团队之中，与大家齐心协力，这样才能赢得发展。

但是任何事情都不能走极端。现在有一个趋向，有些公司过于强调“团队利益高于一切”，到了不分青红皂白的地步。以致出现弊端。职场新人要充分认识团队利益的重要性，但也应该警惕目前团队建设中的一些错误倾向。

指出谁是团队里最差的成员并不残忍，真正残忍的是对成员存在的问题视而不见，文过饰非，一味充当老好人。大家称兄道弟，但问题越来越严重，也没有人敢去捅破，怕损害了团队利益。

一方面是滋生小团体主义。公司里面团队往往是多重的，团队利益对其成员而言是整体利益，而对整个公司来说，又是局部利益。过分强调团队利益，处处从维护团队自身利益的角度出发常常会打破企业内部固有的利益均衡，侵害其他团队乃至企业整体的利益，从而造成团队与团队，团队与企业之间的价值目标错位，最终影响到企业战略目标的实现。

比如说，一个企业内部各团队都有相应的任务考核指标，出于小团体利益的考虑，某个团队采取了挖兄弟团队墙脚等不正当的手法来完成自己的考核指标，而当这种做法又没有及时得到纠正时，其他团队也会因利益驱动而群起效仿，届时一场内部混战也就不可避免，而企业却要为此支付大量额外成本，造成资源的严重浪费。此外，小团体主义往往在组织上还有一种游离于企业之外的迹象，或另立山头或架空母体。

另一方面，过分强调团队利益容易导致个体的应得利益被忽视和践踏。如果一味只强调团队利益，就会出现“假维护团队利益之名，行损害个体利益之实”的情况。在团队内部，利益驱动仍是推动团队运转的一个重要机制，如果个体的应得利益长期被漠视甚至被侵害，那么他们的积极性和创造性无疑会遭受重创，从而影响到整个团队的竞争力和战斗力的发挥，团队的总体利益也会因此受损。团队的价值是由团队全体成员共同创造的，团队个体的应得利益应该也必须得到维护，否则团队原有的凝聚力就会分化成离心力。所以，不恰当地过分强调团队利益，反而会导致团队利益的完全丧失。

职场新人要充分认识团队利益的重要性，但也应该警惕目前团队建设中的一些错误倾向。特别是那种不太注重管理制度的团队建设，过分追求亲和力和人情味，声称“团队之内皆兄弟”。

南宋初年的岳家军之所以能成为一支抗金主力，与其一直执行严明的军纪密不可分，以至于在金军中流传着这样一句话：撼山易，撼岳家军难。

严明的纪律不仅是维护团队整体利益的需要，在保护团队

成员的根本利益方面也有着积极的意义。比如说，某个成员没能按期保质地完成某项工作或者是违反了某项具体的规定，但他并没有受到相应的处罚，或是处罚根本无关痛痒。从表面上看，这个团队非常具有亲和力，而事实上，对问题的纵容或失之以宽会使这个成员产生一种“其实也没有什么大不了”的错觉，久而久之，贻患无穷。如果他从一开始就受到严明纪律的约束，及时纠正错误的认识，那么对团队对他个人都是有益的。

通用电气公司前CEO杰克·韦尔奇有这样一个观点：指出谁是团队里最差的成员并不残忍，真正残忍的是对成员存在的问题视而不见，文过饰非，一味充当老好人。大家称兄道弟，但问题越来越严重，也没有人敢去捅破，怕损害了团队利益。作为职场菜鸟，要避免一开始就陷入这种虚假的团队氛围。

让自己积极乐观

乐观是一种能力，能够在任何环境中保持一种乐观的心态，可以更有把握地走近成功！

那是一家跨国公司策划总监的招聘。层层筛选后，最后只剩下三个佼佼者。最后一次考核前，三个应聘者被分别封闭在一间设有监控的房间内。房间内各种生活用品一应俱全，但没有电话，不能上网。考核方没有告知三个人具体要做什么，只是说，让几个人耐心等待考题的送达。

最初的一天，三个人都在略显兴奋中度过，看看书报，看看电视，听听音乐。

第二天，情况开始出现了不同。因为迟迟等不到考题，有人变得焦躁起来，有人不断地更换着电视频道，把书翻来翻去……只有一个人，还跟随着电视节目里的情节快乐地笑着，津津有味地看书做饭吃饭，踏踏实实地睡觉……

五天后，考核方将三个人请出了房间，主考官说出了最终结果：那个能够坚持快乐生活的人被聘用了。主考官解释说："乐观是一种能力，能够在任何环境中保持一种乐观的心态，可以更有把握地走近成功！"

在企业中，消极思想的危害是极其巨大的。根据美国劳动局的统计数据显示，美国的企业每年因消极因素而带来的损失大约有 30 亿美元。这些消极因素包括：闲谈、苦恼、抱怨、暗地里打击别人的积极性等，这些因素都严重导致生产力下降。

而一个积极思考、积极生活的人有这样一些行为特征，它们是：乐观、热情、诚实、有信念、有勇气、有信心、有决心、有耐心、聚精会神、保持镇定。这些素质永远都会帮助你渡过难关，达成最终目标。

在任何情形下，都不要容许你自己对工作产生厌恶，这是最坏的一件事。即使你为环境所迫，只能从事一些乏味的工作，你也应当努力设法从这些乏味的工作中找出有兴趣和意义的东西来。

也许你认为自己志向远大，要做轰轰烈烈的大事，而不适应做现在这些具体、琐碎的小事。可是，你明白一屋不扫，何以扫天下的道理吗？如果你想做一番事业，那就应该把眼前的工作当做自己的事业，应该有非做不可的使命感。

事实上，不管你所工作的公司有多大，甚至也不管它有多么糟糕，每个人在这个公司中，都能有所作为。某些上司可能对员工的工作设置障碍，或对员工的出色表现视而不见，或者不能充分赏识和鼓励；也有一些上司愿意对员工进行培训，改善他们的业绩，并给予鼓励。但不管环境如何，最终，卓越的工作表现，是需要积极的态度。

一个人的工作态度折射着人生态度，而人生态度决定一个人一生的成就。你的工作，就是你生命的投影。它的美与丑、可爱与可憎，全操纵在你的手中。一个天性乐观，对工作积极，充满热忱的人，无论眼下他是在洗马桶、挖土方，还是在经营着一家大公司，都会认为自己的工作是一项神圣的天职，并怀着浓厚的兴趣。

如果你对工作的态度，像奴隶在主人皮鞭的督促下一样，如果你对于工作，感觉到厌倦，如果你对于工作没有热情和爱好之心，不能使工作成为一种乐趣，而只觉得是一种苦役，那你在这个世界上，一定不会有太大的作为。

在任何情形下，都不要容许你自己对工作产生厌恶，这是最坏的一件事。即使你为环境所迫，只能从事一些乏味的工作，你也应当努力设法从这些乏味的工作中找出有兴趣和意义的东西来。

工作满意的秘密之一就是能“看到超越日常工作的东西”。一旦心情愉快起来，就会全身心地投入。本来你觉得乏味无比的事情会变得妙趣横生，这正是工作的实质之所在。

工作需要有体力、需要有智力，但胜过一切的是热情。

假如你觉得自己眼下缺乏热情，也乐观不起来，怎么办？很简单，作出一个决定，让自己变得热情、乐观。

世上有许多头脑聪明的人，但是这些聪明人并不一定都能在工作上作出什么名堂。虽是聪明人，却没有值得赞赏的业绩、没有令人羡慕的地位、没有得到高额的报酬。这种现象其实揭示了一个道理：即使聪明过人，倘若缺乏热忱的话，也就不可能开拓前程。

有热情才能使工作精益求精。

好比烧制陶器。有了名匠妙手，有了上好的黏土和釉，做出了完美的造型，但如果烧制时炉火的温度不够高，也就做不出理想的陶器作品来。烧制出艳丽光泽的陶器所不可少的火温，

就是热情，即使有再好的材料和设计，若缺乏热情，仍是创造不出一级精品的。

有过人的才智，却被埋没，最后只能是个悲剧的结局。不屈服于被埋没的逆境、磨炼到底，使光彩放射出来，这个力量就来自于热情。

只要对工作怀抱热忱，定能开创出新的天地。

假如你觉得自己眼下缺乏热情，也乐观不起来，怎么办？很简单，作出一个决定，让自己变得热情、乐观。

你不能等着自己情绪的复苏，那是不可控的，你要让自己的意志发挥作用。你也不必非要去改变自己的性格，本来是一个内向的人，非得变成一个外向的人，你只需要一个决定，一定要积极，一定要乐观。

积极乐观，是一个决定，而不是自然发生的，不是跟随生理变化或世事无常随机发生的。

当你晚上上床睡觉时，想到明天要面对公司里那些烦心的事，心情变得忧郁起来，并开始对未来充满了绝望，这时你一定要抛开这些念头，捏着拳头下决心，“我明天一定要充满信心地开始工作”。

当你在工作中遇到挫折，心灰意冷时，你一定要及时推开那些涌进来的绝望念头，下一个决断，让自己乐观起来。不要沉湎在失望、痛苦的情绪中。

为了使自己变得更加有自信，你可以试着做以下事情：

每天早上对着镜子中的自己微笑，告诉自己你能力出众。

即使取得了很小的成绩，也要奖励一下自己。

无论工作内容多么令人厌烦，也一定要设法全部按时完成。工作时要竭尽全力，时刻给自己打气。

抓住每一个机会学习新的知识和技能，并将其迅速地应用于实践，通过实践来检验它们的效果。

自信心对一个人的成长有着相当重要的作用，它可以支持强者闯过难关，帮助弱者赢得成功。在一个人的整个职业生涯中，要对工作充满信心、保持热情与精力，这样才会有所成就。

在公司中，充满自信、积极主动的员工是最忙碌的人，他们的身影无处不在，总是热情地和同事打招呼；精力充沛，积极，做事永远争第一。

在办公室里，你可能是个不起眼的小角色，别人丝毫不会注意到你，这时，你的自信是你唯一的生存法宝。你应该积极主动地向前迈出一步，说："我行，我可以！"去积极争取表现自己的机会。譬如主持一个会议或一个方案的施行，主动承担一些上司想要解决的问题，或者主动、真诚地帮助你的同事，替他们出谋划策，解决一些难题。如果你能做到哪怕只是其中的一点，你的内心就会起变化，变得越发有信心，别人也会越发认识到你的价值，会对你和你的才能越发信任，你在办公室里的位置就会发生显著的变化。如果你能够坚持这样做，你会发现信心

带给了你百倍于平常的能力和智慧。

责任不容推卸

对公司有责任心的员工，就要把公司的事当成是自己的事。

你不是在为别人工作，而是在为你自己工作。当你具备做主人的心态时，你才会把公司的事当做自己的事。虽然你是个普通职员，但你要像老板那样负责，像老板那样思维和做事，这样一来，你就会不断地提升自己的价值，逐渐成为一名卓越的员工。

有人会说："公司垮了那是领导的事，与我没关系，大不了换个地方。"这是典型的没有责任感的员工。"天下兴亡，匹夫有责。"这句话同样可以用到员工与企业的关系上——企业兴亡，员工有责。公司就是你的船。船上的每一个人都负载着企业生死存亡、兴衰成败的责任，这种责任是不可推卸的，无论你的职位高低。

李伟高中毕业后随哥哥到南方打工。李伟和哥哥在码头的一个仓库给人家缝补篷布。李伟很能干，做的活儿也精细，就连被人丢弃的线头碎布也会随手拾起来留做备用。

一天夜里，暴风雨骤起，李伟从床上爬起来，拿起手电筒就冲到大雨中。哥哥劝不住他，骂他是个傻瓜。

在露天仓库里，李伟查看了一个又一个货堆，加固被掀起的篷布。这时候老板正好开车过来，这时的李伟已经成了一个水人。

当老板看到货物完好无损时，当场表示给李伟加薪。李伟说："不用了，我只是看看我缝补的篷布结实不结实，再说，我就住在仓库旁，顺便看看货物只不过是举手之劳。"

老板见他如此诚实，如此有责任心，就让他到自己的另一个公司当经理。

公司刚开张，需要招聘几个文化程度高的大学毕业生当业务员。李伟的哥哥跑来，说："给我弄个好差事干干。"李伟深知哥哥的个性，就说："你不行。"哥哥说："看大门也不行吗？"李伟说："不行，因为你不会把活当成自己家的事干。"哥哥说他："真傻，这又不是你自己的公司！"临走时，哥哥说李伟没良心，不料李伟却说："只有把公司当成是自己开的公司，才能把事情干好，才算有良心。"

几年后，李伟成了一家公司的总裁，他哥哥却还在码头上替人缝补篷布。

只要你是企业里的一员，你就时刻要把企业的利益放在心头。不论老板在不在，都要把自己当成是企业的主人，而不应当抱着"事不关己，高高挂起"的态度将问题留给别人处理。

那些成功的老板为什么成功？因为公司是他们自己的，他们为了取得成功常常彻夜难眠，总是考虑到自己的客户，更加深入地研究每一件事情，而不是在脑子里想“反正不是我自己的事”。他们对于成就一番事业有强大的动力，而且终于获得了成功。

公司就是你的家，你就是这个家的主人。你不是在为别人工作，而是在为你自己工作。当你具备做主人的心态时，你才会把公司的事当做自己的事。虽然你是个普通职员，但你要像老板那样负责、像老板那样思维和做事，这样一来，你就会不断地提升自己的价值，逐渐成为一名卓越的员工。

对公司有责任心的员工，应一切从细节做起。

责任不分大小轻重，只要是你应该做到的，那就是你的责任。细节能够表现整体的完美，同样也会影响和破坏整体的完美。要展示完美的自己，就需要完善每一个细节，有时一个细节没注意到，就会给你带来难以挽回的影响。

玛莎服装公司的业务员小张为单位订购一批羊皮。在合同中写道：“每张大于4平方尺、有疤痕的不要。”需要注意的是，其中的顿号本应是句号。结果供货商钻了空子，发来的羊皮都是小于4平方尺的，使订货者哑巴吃黄连，有苦说不出，损失惨重。

工作中，任何员工应该做到的就是严格要求自己，“粗心”

“懒散”“草率”等这样的字眼，正是工作不负责任的一种表现。比如职员、出纳、编辑、工程技术人员等等，都有可能因为粗心马虎而丢掉工作。因此，一定要重视细节，从细微处得到巨大的发展。但是如果忽略了细节的存在，自然也无法逃避它的惩罚。

作为一名员工，自己应该做的事情一定要保质保量完成。不要以为自己不做会有别人来做；也不要以为自己丁点儿不负责不会被别人发现，不会对公司造成什么影响；也不要只注意数量而不在意质量，草草地完成数量任务。

衡量自己承担的责任，从现实出发。

如果你很清楚知道自己承担着不可能完成的任务，不妨向老板表达出来。

公司在运转过程中，并不是每一个细节都考虑得很周到，有时候一个想法还没考虑成熟就开始实施，因为时间紧迫，不能错过机会。如果你很清楚知道自己承担着不可能完成的任务，不妨向老板表达出来。

在工作中要表现得具有创造性，要不怕难度。但是如果给你的工作真的是不可能完成的话，就赶紧找老板说出来，不要硬着头皮上，到时自己完不成任务脸面无光，更会给整个工作带来坏影响。

找老板要一个切实可行的计划，当然你会有所思考，那么你就讲述你的想法，你的计划，给老板看一些具体的东西，把更

多的细节提出来而不是纸上谈兵。你这样做是对自己负责，也是对公司负责。如果老板听了你的意见还是要坚持他的计划，那么你就不用多说了，按老板的要求全力以赴吧，你要表达的已经表达了。

不要太在意额外付出。只多那么一点儿，就会得到更多的结果。

每天多做一点点，是一种积极负责的精神，每天多做一点点，不仅是为老板，更是为自己。

你是否像下列员工一样：

“啊，终于下班了！”甚至在下班前的半个小时，就已经收拾好案头，只等铃声一响就下班走人。

“老板，我的专职工作是搞设计的，您让我多干些别的，那可是分外的事啊！要么给我奖金，要么我不干！”

“加班、加班，怎么老有干不完的活儿？真是烦死了！”

“算了，不是我的事，我才不管呢！”

“千万别多揽事，工作，多一事不如少一事，干得多，错得多，何苦呢？”

如果你真的有这样的情形，那么你是不会做好这份工作的。

盎司是英美制重量单位，一盎司相当于1/6磅。著名的投资专家约翰·汤普森通过大量的观察研究，得出了很重要的原理，即“多一盎司”定律。他指出，取得突出成就的人与取得中等成就的人几乎做了同样的工作，他们所做出的努力差别也很少，只是仅仅“多一盎司”。

但是，就是这微不足道的一点区别，会让他们的工作有所不同，其最终结果与所取得的成就及成就的实质内容方面，就存在着巨大的差别。

在商业领域，汤普森把“多一盎司”定律进一步引申，他逐渐认识到只多那么一点儿，就会得到更多的结果。常常那些在原来的基础上多加一盎司的人，得到的份额远大于一盎司应得的份额。也就是说，那些更加努力的人将会取得更好的成绩，获得更好的收益。

每天多做一点点，是一种积极负责的精神，每天多做一点点，不仅是为老板，更是为自己。这样做对个人成长有两个最重要的益处：

首先，在养成了“每天多做一点”的好习惯之后，与身边那些尚未养成此习惯的人相比，你已经占据了优势。这种习惯使你无论从事什么行业，都会有更多的人知道你并要求你提供服务。

其次，如果你想让自己的右臂变得更加强壮，只有一种办法，就是利用它来做最艰苦的工作。反之，假如长时间不使用你的右臂，让它养尊处优，最后只能使它变得虚弱甚至萎缩。

其实，每天多做一点事很简单。比别人早一些进入办公室，

想一想一天的工作计划，当电话铃声响起的时候热情地拿起话筒，把合作伙伴或者顾客的要求或者意见准确地记下来，如果是自己能够处理的，就要不怕辛苦地把问题解决，哪怕不是自己的事情。

学会比别人晚一些离开办公室，不要只图一时的轻松自在，晚回家一会儿也许是占用了你的私人时间，但是却提高了你的能力，甚至得到升迁的最佳机会。

小刘刚到一家公司时从事打字工作。一天，同事们出去吃饭了，她正准备出门，这时，董事经过他们部门时停了下来，想找一些信件。这并不是小刘分内的工作，但是她依然回答道："董事，让我来帮助您处理这件事情吧！我会尽快找到这封信并将它放在您的办公室里。"

后来，董事渐渐注意到小刘，他发现小刘每天的工作时间都比别人多20分钟。下班后，她主动留下收拾凌乱的办公室；早晨上班时则提前10分钟到办公室打扫卫生。

数星期后，小刘被提升到了一个更重要的部门工作，薪水提高了30%。

看起来是微不足道的小事，有时恰恰反映了我们的责任心。"我要对自己的工作负责！"我们要用这种意识来指导自己的行动，更积极主动地负起责任来。简而言之，我们需要时时注意哪些工作是需要做的，而不是消极等待别人来告诉你做什么。

职场中没有“分外”的工作。作为公司的主人，你应当对公司的发展全面负责，不论分内、分外的工作都要全力做好，当你形成主动的工作习惯以后，你最终也会赢得老板的器重和青睐，得到自己应得的报偿。

当然，做自己分外之事，不可轻率。很多职场新人不明白这一点，逞能去揽太多的工作。这样一个可能的后果是要么你脱颖而出，要么你可能面面俱到但又一事无成，因为个人能力毕竟有限。主动要求分外的工作是好现象，但自己要把握好“度”。要想取得真正巨大的成功，千万别干有违你性格和超出自我能力的事，谨记自己不是“超人”。

抱怨是失败的表现

抱怨是一种情绪发泄，有不满情绪过于压抑不行，但发泄过度，没完没了地抱怨也同样不好。

在大多数领导的眼中，抱怨是失败的一个借口，是逃避责任的理由。这样的人没有胸怀，很难担当大任。仔细观察任何一个管理健全的机构，你会发现，没有人会因为喋喋不休的抱怨而获得奖励和提升。

小路大学毕业后，凭着自己在学校的优异成绩，到了一家

中美合资企业工作，预计在5年内升为公司部门经理。

雄心勃勃的小路进入公司后，准备大干一场。公司的文化提倡民主，提倡基层员工与管理层平等对话和沟通，她对此非常认同，就常常向部门领导提一些意见，而部门领导也的确抱着虚心好学的态度，非常耐心地倾听。可是，小路却很少得到及时的反馈，她认为部门领导虽然虚心接受，但坚决不改。

于是，小路不再提意见，而是开始发牢骚。时间一长，她的工作满意度开始下降，工作也经常出错，多次遭到领导批评。不久，领导解雇了她。小路自我安慰说，换个工作环境也好，不久她又进入一家外资公司。可没过多久，她发现这家公司的管理跟以前那家差距很大，日常运作存在很多问题。一时间她爱抱怨的毛病又犯了，为此还跟顶头上司发生了几次争执。这次，她自动提出了辞职。

就这样，她工作的5年期间，换了十几次工作。她每次都会发现新公司的一大堆毛病，抱怨越来越多，当初的职场晋升计划成了一场梦。

是什么谋杀了小路的晋升梦？是抱怨。看到公司的问题，第一反应就是抱怨，而不是从自身找原因。哪个公司不存在问题，哪个上司身上没有毛病？爱抱怨的员工随时随地都能找到抱怨的理由，可是你从中得到了什么呢？你什么都没有得到，还白白赔上了职场晋升的宝贵机会。

一些人总在抱怨，似乎老天爷就是对他不公，似乎他就是这个世界上最倒霉的人。但有什么用呢？公司仍要发展，个人需要生存，谁会理睬一个总是在抱怨的人？

抱怨情绪在一些刚走出校园进入社会的人身上尤为突出。他们总对自己抱有很高的期望，认为以自己的学识和才干，应该从事些体面的工作，并得到重视。事实上刚刚跨入社会的年轻人，由于缺乏工作经验，无法被委以重任，工作自然也不是他们所想象的那样体面。然而，当老板要求他去做应该负责的工作时，他就开始抱怨起来："我被雇来不是要做这种活儿的。""为什么让我做而不是别人？"一番抱怨之后，他可能就此离开公司。

他们总在抱怨周围的人不理解，抱怨设备不先进，抱怨公司规章太多，抱怨薪资太少，抱怨福利差，抱怨公司饭菜不好吃等等，身边的一切似乎都是他们抱怨的对象，他们认为世界上的一切都在和他们作对。

有人曾经做过这样一个追踪调查，他连续追踪了20名因为对环境不满意而离职的员工。

他发现，当那些员工刚到新环境时候，都表示对环境满意，但是当2~3个月后，他们又开始抱怨，大约2年内，他们又会因为无法适应环境而换到另一个工作环境。他们实际上成为了失败者。

他们对工作丧失了起码的责任心，不愿意投入全部的力量，敷衍塞责，得过且过，将工作做得粗陋不堪。长此以往，嘲

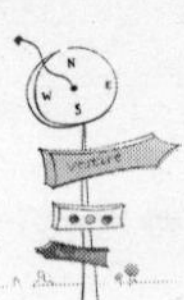

弄、吹毛求疵、抱怨和批评的恶习，将他们卓越的才华和创造性的智慧悉数吞噬，使之根本无法独立工作，成为没有任何价值的员工。因此，一个人一旦被抱怨束缚，不尽心尽力应付工作，在任何单位里都是自毁前程。

方法总比困难多，抱怨不如改变。

与其抱怨，不如直面现实，适应环境，正视自己的工作。

如果我们仔细研究那些在职场上取得成功的人，就会发现他们都有一个共同点：他们坚信方法总比困难多，抱怨不如改变；他们总是能安身于困难的环境，乐于迎接工作中的每一次挑战。而那些职场中的失败者，则认为倒霉的事总让自己摊上了，抱怨自己命不好，于是自我放弃。这也是“幸运的人总幸运，倒霉的人总倒霉”的原因所在。所以，与其抱怨，不如改变心态，努力工作。

有这样一篇报道：说的是一个女大学生，在工作中创造了三年成为一家公司部门经理的成长奇迹。

这个女大学生大学毕业以后，与其他同学一道被一家公司录取，工作的第一天该同学被安排整理一堆公司的材料，要下班时，公司因发展不景气，临时决定招录人员作废，其余同学纷纷抱怨：“把我们当猴耍呀。”该女生却和气地对主管说：“材料整理得快差不多了，明天我还来帮半天忙就整理结束了，免得今后公司再安排人手重复我今天的工作。”

后因公司发展的需要，要重新招收新人，该主管想到的第一人选就是这个女大学生，通过多方联系千方百计地将该生招到公司工作。

该女生到公司后，对她所从事的工作进行大胆的创新，对于一年一度的工作总结，别人都随便写几句，或者在网上下载一篇完成任务，她却按照过去一年的工作回顾，工作中取得的主要经验和需要改进的措施，对公司今后发展的建议三部分进行仔细分析。

有一天，该公司的董事长找到她对她说："你的年度总结我看了三遍，这是我看到的最为满意的年度总结报告，你应该有更适合你的工作岗位。"不久，该女生便被提拔为部门经理。

与其抱怨，不如直面现实，正视自己的工作，或者以一种对公司负责的精神反问自己为公司做了什么，或者自己能为公司做什么。

当我们遇到事情不顺或是经历失败时，不应当一味地怨天尤人，而应该先从自身找出原因。一个不能反省自己的人，是根本不可能有工作效率的，因为他不知道自己的缺失所在。

如果我们在工作中不是经常抱怨，而是能怀抱着一颗感恩的心，情况就会大不一样。

小贝极不满意自己的工作。有一次，小贝愤愤地对朋友说："我的上司一点也不把我放在眼里。我决定辞职不干了。"小贝

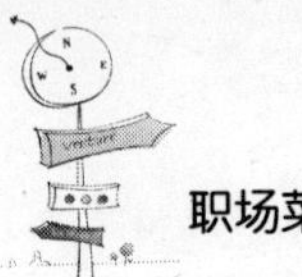

的朋友说:“你对那家贸易公司的业务完全弄清楚了吗?对于他们做国际贸易的窍门完全搞通了吗?”

小贝说:“没有,我要辞职了。为什么还去弄懂那些?”小贝的朋友说:“如果你能够学会从事贸易工作的所有技能,甚至连怎样修理影印机的小故障都学会,然后再辞职不干,那样才算报复了你的上司。”小贝听了朋友的合理建议,觉得以公司做免费学习之所,什么东西都通了之后,再一走了之,这样不是既出了气,又有许多收获吗?自此,小贝默记偷学,甚至下班之后,还留在办公室里研习写商业文书的方法。

一晃一年过去了。一天,小贝和朋友又见面了。

小贝的朋友问:“你现在大概把公司的一切都学会了,可以准备拍桌子不干了吧?”小贝却红着脸说:“可是我发现近半年来上司对我刮目相看了,最近又加了薪,我已经成为公司的灵魂人物了!我怎么能辞职不干呢?那对不起上司。”

在我们的思维习惯里,如果谈及上司与部下之间的矛盾,似乎都是上司对下属的不公平,却不知也存在下属对上司的不理解。理解上司,反省自己,或许才能在与上司的矛盾中找到问题所在。通过这则事例,我们应该知道,就下属而言,在工作中,要做到不时地正视自己,反省自己,多问问上司为什么对你和同事不一样,这或许不失为公正认识上司和自己的一种途径。

如果我们在工作中不是经常抱怨,而是能怀抱着一颗感恩的心,情况就会大不一样。

一个人的成长，要感谢父母的恩惠，感谢国家的恩惠，感谢师长的恩惠，感谢大众的恩惠。感恩不但是美德，感恩是一个人之所以成为人的基本条件！不要忘了感谢你周围的人，你的上司和同事。感谢给你提供机会的公司。你是否曾经想过，写一张字条给上司，告诉他你是多么热爱自己的工作，多么感谢工作中获得的机会。

为什么我们能够轻而易举地原谅一个陌生人的过失，却对自己的老板和上司耿耿于怀呢？为什么我们可以为一个陌路人的点滴帮助而感激不尽，却无视朝夕相处的老板的种种恩惠，将一切视之为理所当然？成功守则中有条黄金定律：待人如己。也就是凡事为他人着想，站在他人的立场上思考。你是一名员工时，应该多考虑老板的难处，给老板一些同情和理解；当自己成为一名老板时，则需要考虑员工的利益，对他们多一些支持和鼓励。

其实，什么都没有改变，改变的只是看待问题的方式。同情和宽容是一种美德，如果我们能设身处地为老板着想，怀抱一颗感恩的心，或许能重新赢得老板的欣赏和器重。

如果你要抱怨，请选好你的倾诉对象。找一个没有裁定权的人抱怨，纯粹是为了发泄情绪，那样只会让事情更糟。

抱怨总要找一个倾诉的对象，找人倾诉，本来是一件很自然的情绪宣泄方式，但无度的抱怨，不但不能缓解烦恼，反而放

大了原来的痛苦，陷入满腹牢骚、抱怨不休的恶性循环之中，于事无补。

而对于公司的事情，选对安全的倾诉对象十分重要，否则你的抱怨不仅解决不了问题，还会让你的情绪变得越来越糟，让你在工作中更加被动。向毫无裁定权的人抱怨，只有一个理由，就是为了发泄情绪。而这只能使你得到更多人的厌烦。

有困难或意见，不是私下里抱怨一番，而是直接去找你可能见到的最有影响力的一位工作人员，然后心平气和地与之讨论。

找借口是坏习惯

找借口是一种不好的习惯，一旦养成了找借口的习惯，你的工作态度就会拖延、没有效率。

人的习惯是在不知不觉中养成的，是某种行为、思想、态度在脑海深处逐步成型的一个漫长的过程。一旦某种习惯形成了，就具有很强的惯性，很难根除。它总是在潜意识里告诉你，这个事这样做，那个事那样做。在习惯的作用下，哪怕是做出不好的事，你也会觉得是理所当然的。特别是在面对突发事件时，习惯的惯性作用就表现得更为明显。

找借口是一种不好的习惯，一旦养成了找借口的习惯，你的工作态度就会拖延、没有效率。

优秀的员工从不在工作中寻找任何借口，他们总是把每一项工作尽力做到超出客户的预期，最大限度地满足客户提出的要求，也就是"满意加惊喜"，而不是寻找任何借口推卸；他们总是出色地完成上级安排的任务；他们总是尽力配合同事的工作，对同事提出的帮助要求，从不找任何借口推托或延迟。

抛弃找借口的习惯，你就不会为工作中出现的问题而沮丧，甚至你可以在工作中学会大量的解决问题的技巧，这样借口就会离你越来越远，而成功离你越来越近。

找借口本质上是一种幼稚行为。

小时候你做错了事，比如和别的小孩打架、摔坏了杯子，父母知道了很生气，这时你为自己辩解，说是别的小孩先动手、杯子里的水太烫，这就是找借口。从这里可以看出，找借口并不是打胡乱说，很多时候是有客观原因的，其借口也是有一定理由的。

父母听了你的借口，他会怎么办？最多训斥你几句，不可能对你大动干戈，即便完全是你的错误，是你先动手打人家的，也可能不了了之。但你可能会形成一种错误的认识，即认为自己的借口起作用。也许你以后就习惯于找借口，凡是自己犯的错误，都能找几条看似合理的借口。

职场新人往往爱找借口。当上司因为他做错了某件事询问

时，他能找出好几条借口，上班迟到他说是太堵车，打不通手机误事他说是手机没电，工作没有按时完成他说是电脑中了病毒……我们仿佛看见一个小孩在对他父母找借口，他期待着对方像父母一样听完他的借口，转身默默离去。

但上司不是你的父母，他没有原谅你的天职。他需要的是把工作完成，工作不能完成，任何借口都没用。

你还要对着上司找借口吗？也许他会像你父母一样听着你的借口，不发一言，但如果你有特异功能，或许能听到他在心里发出的叹息：唉，这个长不大的小孩。你借口越多，你在他心目中的分量就越轻。

当然，工作中遇到的问题可以和上司沟通，由客观原因造成的失误，不用你找借口，上司都会清楚。

上班迟到也许是因为对工作缺乏热情，从现在开始，不再为上班迟到而找借口，你会对工作多一份喜爱。

一个对自己负责任的人，若是发觉自己经常迟到并且经常给自己找借口，需要认真地反思自己。

公司里有的员工经常迟到，老板批评、同事提醒，都不大管用，还总是找借口，比如堵车了、表慢了，或闹钟没响睡过头了。

上班迟到是生活中常见的现象。迟到的原因，除了有的人确实有实际困难外，常常还有更深层的心理原因。比如，恋爱中的男青年约会常常会到得很早，可是婚后若夫妻感情不好，下了班会总是找借口晚点回家。职场上的道理也是一样的。如果员工对工作兴趣大、热情高，即使上班再路远，也会克服困难早起保证准点上班，而如果对工作缺乏热情、缺乏兴趣，或是跟老板、同事闹意见，却又不擅长或无力直接用语言表达不满，就容易出现莫名迟到或消极怠工等无意识现象。

如果员工经常迟到，是对工作的不重视，对事业的发展非常不利。若总是给迟到找借口，类似于"掩耳盗铃"，只不过是用迟到来象征性地表达和掩饰自己对工作和领导的消极态度，可是迟到并不能解决与领导之间的矛盾，甚至反而会让已经不好的人际关系雪上加霜。

一个对自己负责任的人，若是发觉自己经常迟到并且经常给自己找借口，需要认真地反思自己。面对工作和人际关系方面出现的困难和冲突，以积极有效的行动去改变现实，例如觉得专业不对口，可以尝试找机会调动工作，若是人际关系有困难，则调整自己的处世方式，增加沟通，消除误解，设法化解人际矛盾。即使有些矛盾难以化解，用语言表达也比用"迟到"表达要好。

如果你在一个公司工作，你必须服从于这个公司。无论什么时候，你都应该主动、积极地去努力完成上司交给你的任务。

从现在开始，不再为完不成任务找借口，你会发现自己在成长。

把“事情太困难、太昂贵、太花时间”等种种借口合理化，要比相信“只要我们够努力、够聪明、衷心期盼，就能完成任何事”容易得多。我们不愿许下承诺，只想找借口。如果你发现自己时常为了没做某些事而制造借口，或是想出千百个理由来为没能如期实现计划而辩解，那么现在正是该面对现实好好检讨的时候了！

不要给自己找任何借口和推卸责任的理由，上司要的是结果，而不是你再三解释的原因。也许有时候，你会认为并非上司的所有指令都是正确的，上司也会犯错误。但是，一个高效的公司一定要有良好的服从理念，一个优秀的职员也应该有服从意识。因为上司的地位、责任使他有权发号施令；同时，上司的权威、公司的整体利益也不允许哪个员工违反指令而擅自行动。

服从应该是员工的第一美德，也是你日后取得成就的必备条件。不要以为自己有多大能耐。到一个新的公司，你就必须从零开始做起。做得出色是建立在熟练掌握技能的基础上，服从公司分配给你的任务。要给自己一个定位，明确自己的职责。服从于你的上司，服从于你的老板。

作为职员，应该时刻了解自己的权限有多大，通过服从，你将对公司的价值理念、运营模式都会有一个更深刻的认识。

可口可乐公司有一位叫普尔顿的年轻人，上司让他去一个新的地方开辟市场，那是一块十分偏僻的地方，公司生产的产品在很多人看来要打开销路是十分困难的。因此，在把这个任务分派给普尔顿之前，上司曾经三次把这个任务交给过公司里别的职员，但是都被他们推托掉了，因为这些人一致认为那个地方没有市场，接受这个任务最终结果是一场徒劳。普尔顿在得到上司的指示后什么也没有问，只带着一些公司产品的样品出发了。

三个月后，普尔顿回到了公司，他带回的消息是那里有着巨大的市场。其实，在普尔顿出发之前，他也认定公司的产品在那里没有销路。但是，由于他的服从意识，他依然选择前往，并用尽全力去开拓市场，结果最终取得了成功。

如果你在一个公司工作，你必须服从于这个公司。无论什么时候，你都应该主动、积极地去努力完成上司交给你的任务。

如果需要我们发表意见的时候，坦而言之，尽其所能；对上司已做了决定的事情，理解的要服从，不理解的也要坚决服从，努力执行，绝不表现自己的小聪明。

身为公司的一员，要养成对结果负责的习惯。这是一个人在工作和事业中取得成就的重要保证。不再为做错事而找借口。

有些员工往往对于承认错误和担负责任怀有恐惧感。因为承认错误、担负责任往往会与接受惩罚相联系。有些不负责任的员工在出现问题时，首先把问题归罪于外界或者他人，总是寻找各式各样的理由和借口来为自己开脱。其实，这些都是无

理的借口，并不能掩盖已经出现的问题，也不会减轻要承担的责任，更不会让你把责任推掉。

小王和小李新到联邦速递公司，被分为工作搭档，然而一件事却改变了两个人的命运。一次，小王和小李负责运送一件昂贵的古董。在交货码头，小王把邮件递给小李的时候，小李却没接住，古董掉在地上摔碎了。

小王趁小李不注意，偷偷来到公司办公室对经理说："这不是我的错，是小李不小心弄坏的。"随后，经理把小李叫到了办公室。"小李，到底怎么回事？"小李就把事情的原委告诉了经理，最后小李说："这件事情是我们的失职，我愿意承担责任。"

后来，经理把小王和小李叫到了办公室，对他们说："其实，古董的主人已经看见了你俩在递接古董时的动作，他跟我说了他看见的事实。我也看到了问题出现后你们两个人的反应。我决定，小李留下继续工作，用你赚的钱来偿还客户，小王，你明天不用来工作了。"

这就是推卸责任的结果。美国西点军校认为：没有责任感的军官不是合格的军官，没有责任感的员工不是优秀的员工，没有责任感的公民不是好公民。缺乏责任感难免会失职，员工与其为自己的失职找寻借口，倒不如坦率地承认自己的失职。

避免拖延，立即行动。

寻找借口的一个直接后果就是拖延，而拖延是最具破坏性、最危险的恶习，它使你丧失了主动的进取心。唯一的解决良方就是立即行动。

总有很多事情需要去做，如果你正受到怠惰的钳制，那么不妨就从碰见的任何一件事着手。是什么事并不重要，重要的是你突破了无所事事的恶习。从另一个角度来说，如果你想规避某项杂务，那么你就应该从这项杂务着手，立即进行。否则，事情还是会不停地困扰你，使你觉得烦、无趣而不愿意动手。

有些人在要开始工作时会产生不高兴的情绪，如果能把不高兴的心情压抑下来，心态就会愈来愈成熟。而当情况好转时，就会认真地去做，这时候就已经没有什么好怕的了，而工作完成的日子也就会愈来愈近。总之一句话，必须现在就马上开始去做才是最好的方法。哪怕只是一天或一个小时的时光，也不可白白浪费。这才是真正积极主动的工作态度。

不找借口的工作方式，是直面错误，从错误中学习。

想象在工作中出现了一个错误，这个错误有可能是你犯的，有可能是团队犯的，你怎么办？

首先，要控制损失，避免这个错误扩大化。你要做到下面几点：

一、如果错误是你犯的，那就承认。

二、主动让你的上司知道。不要让你的上司从别人那里听到它。估计一下损失，提供一些解决方案。

三、尽快告诉那些受到这个错误影响的人，向他们道歉，告诉他们以后不再出现类似错误。

至于这个错误是否再次出现，你还得多作些思考。这个错误是个人的原因，还是系统出现问题？它是否有可能再次出现？你如何进行改正，避免它再次出现？

这就是直面问题和错误，而不是找借口的工作方式。如果有人对这个错误负责，也不要让他感到难堪和尴尬，工作中出现错误是难免的，重要的是研究这些错误可以解决问题，使大家学到东西。

走向职业化

你干什么行业，就得有个干这一行的样子，而且是能把这行干好的样子。

职业化就是能够帮助你胜任工作，能够帮助你做到训练有素。

职业化是什么意思呢？简单地讲，职业化就是一种工作状态的标准化、规范化、制度化，即在合适的时间、合适的地点，用合适的方式，说合适的话，做合适的事。

大学生毕业后，求职面试时不需要太职业化，既然公司准备招收应届毕业生，就有这样的心理准备。如果包装过度，会失去自己的本性，给面试人员不自然的感觉。但进入职场后，应该逐渐让自己职业化起来。

以往人们参加工作的时候，父母经常会语重心长地说，你一个人在外面，要好好地工作，听领导的话，搞好人际关系等，这其实也是一种职业化要求，当然时代不同了，职业化的概念和要求也发生了很大变化。

职业化并不仅仅是一个职业形象，还包括许多外在与内在的东西，比如你的职业技能、职业资质也是职业化的一部分。你的职业道德、心态、行为也是职业化的一部分。

职业化的意义何在？赵本山的小品《卖拐》里面说："脑袋大，脖子粗，不是大款就伙夫！"通俗点说，你干什么行业，就得有个干这一行的样子，而且是个能把这行干好的样子。职业化就能够帮助你胜任工作，能够帮助你做到训练有素。

职业化形象就是通过衣着打扮、言行举止、行为规范，反映你的个性、形象及公众面貌，从而树立起来的职业印象。

职业化形象只是职业化过程中很小一部分内容。

职业化形象就是通过衣着打扮、言行举止、行为规范，反映你的个性、形象及公众面貌，从而树立起来的职业印象。同时，

职业化形象也是你在自我思想、追求抱负、个人价值和人生观等方面，与社会进行沟通并为之接受的方法。职业化形象是要体现出你在该职业领域的专业性。任何使你显得不够职业化的形象，都会让人认为你不适合你的职业。

如果你想事业有成，首先你得让人看起来就有可能成为事业有成的人士。职业化形象首先要在衣着上尽量穿得像这个行业的成功人士，宁愿保守也不能过于前卫时尚。另外最好事前了解该行业和企业的文化氛围，把握好特有的办公室色彩，谈吐和举止中要流露出与企业、职业相符合的气质；要注意衣服的整洁干净、得体大方等等。

职业形象塑造尤其要重视以下几点主要内容：

1.仪表仪态——符合企业文化、办公环境、个人特色等；

2.行为举止——规范得体；

3.待人接物——有理有节；

4.办公室礼仪——符合职场规范；

5.构建自身亲和力——乐于与人交往；

6.提升影响力与凝聚力——能够影响并凝聚员工；

7.注重商务礼仪——对外树立企业形象。

职业化的核心之一：术业有专攻。

职业化最重要的一点是职业能力、专业化能力。专业能力是指从事工作的技术能力、技艺水平，有扎实过硬的基础知识和专业技能。

有这样一个故事：德国出口到中国的一台机器，安装调试作业文件上有一个要求“顺时针拧紧360度，然后逆时针拧回90度”，中方调试工程师一算，360减去90，不就是3/4圈吗，直接拧到3/4就行了。结果是机器装好时间不长就出了问题，德国工程师来了重新按照调试文件要求操作了一遍，解释的原因是应力释放。

德国工程师的表现训练有素，他能够按照职业素养、职业行为规范和职业技能所提出的职业要求，按照既定的行为规范开展工作。而这种职业化是解决问题的重要保证。

在IBM，即使是刚进公司的员工，只要按照既定的工作规范一步一步做下去，很快就可以熟悉本职工作而不必自己花费很多的心思去考虑应该怎么做。模板化在IBM是最平常不过的事情。规范化在IBM员工的眼里已经是衡量一个人做事是否专业的基本条件之一。规范化之所以重要，是因为，规范是经验的积累，很多是失败的教训换来的。因此，职业化程度高的员工总是能够按照规范来开展自己的业务工作，以确保少犯或不犯错误。

职场菜鸟在专业化方面肯定还有很长的一段路要走，但目标应该明确，那就是要成为一个专业人士，一个能解决问题的职业人，一个能创造价值的职业人。

职业化的核心之二：职业道德。

掌握了过硬的专业技术，并不意味着你已经实现了职业化。职业化一定是专业化的，但是专业化不能替代职业化。如果没有职业道德，专业化能力越强，只会对他人对社会产生更大的负面作用。

所以职业化的另一个核心是职业道德。职业道德包括职业责任和职业精神。职业责任体现为把致力于工作看做自己的使命，工作追求卓越。其中包括优秀的个性品格，体现为：追求真理的坚定信心和乐观精神，遵守行为规范，有强烈责任心，具有诚信的人格魅力，健康的职业心态，自知、自信、自律，有积极的态度。

首先来看职业责任。有了责任意识才会主动承担更多的工作，在工作中善始善终，在出现问题时先从自身寻找改进的方向，而不是互相责怪、互相推诿。有了责任意识才会郑重地兑现承诺，才会坚守职业道德，对企业忠诚。

有人会问，如果公司亏待了你，也没有什么前景，你还有责任意识吗？是的，职业化就是在任何时候都不放弃责任意识。公司如果亏待了你，你觉得不满意可以另外找一个公司，继续保持你的责任意识，而不是在这里发牢骚，消极怠工，那不仅是对公司的不负责，也是对自己的不负责。如果因为种种原因留在公司，只要还在拿公司的薪水，你就应该对公司负责，把你的工作做好，这意味着，不管你在什么样的公司、你处于什么样的境地,都不会丢掉你的责任,像战士不会丢掉自己的枪一样,你始终是负责任的、值得信赖的职业人士,这就是职业化。

有责任意识的人工作中就会表现出主动性,不是他善于找事做,而是责任推动着他去完成。职场菜鸟和一些没有主动进取心的老员工,在企业中常犯的错误之一是缺乏主动性,推一推,才动一动。不懂得自己主动设定工作目标,并与上级交流认可,最后落实到行动,这是一个做事习惯的问题,更是一种缺乏责任意识的表现。

再来看职业精神。职业精神包括:敬业精神、创新意识,忠诚自己选择的事业,不断学习和研究。职业精神能够不断提高职业人员的职业素质和能力,是职业人员最基本的素质要求。丁俊晖打台球,有一场球本来胜局已定,在夺冠之后仍然认真打,最后打出了 147 分的满分。这就是一种职业精神,冷静、理智,胜不骄、败不馁。假如他没有这种职业精神,他也不可能掌握领先一步的专业技术。

所以职场菜鸟在专业化方面虽然会有所欠缺,但在职业精神上不能输,只要严格要求自己,保持职业精神,你就一定能把期待演化为现实。

第三章
菜鸟进阶二：职场情商修炼

职场非常需要情商，好比发动机需要润滑油，没有润滑油，发动机转不了几下，没有情商，职场运作显得特别艰涩，事倍功半。世事洞明皆学问，人情练达即能力，情商高的人往往成为管理人员，成为老板，因为他有团队领导能力。

高情商不是指对别人如何施加影响，而是对自我的控制。情商高的人首先是对自我认识特别清楚的人，在情绪的调控和管理上做得比别人好，另外他对“我”与人的关系看得很透，了解自己的想法，也了解别人的想法，尽量避免与对方发生内在的冲突，多从合作共赢的角度入手，这样，他的影响自然而然出来了。

职场菜鸟在认知他人情绪、人际关系管理上还有待发展，应该在“做好自己”上下工夫，有点“菜”则是独善其身的意思，说得形象一点就是:种好自己的菜,不偷别人的菜。

菜鸟种好自己的菜,不偷别人的菜,也不起早摸黑守着破园子防止别人偷自己的菜,跟左邻右舍相处愉快,经常和他们商量如何把菜种好,如果丰收了,还给邻居送点菜,那些围观的人和得到菜的人都由衷地望着他,说他是一个好菜鸟。

菜园子里如此,职场上的情商修炼同样如此。

做好自己的事

对于初涉职场的人来说,最关键的事情是做好自己,要把自己的思想集中到自己的工作中,对自己的工作给予足够的重视。

刚开始工作的头几年,是一个人职业素养和工作习惯的养成阶段,这个阶段形成的心态对日后的职业发展起着决定性的作用,磨刀不误砍柴工,先不要着急,把自己的那点事做好就行了。李开复说:"人生最大的苦恼,不在自己拥有的太少,而是期望的太多。"目标不应该不切实际,应该客观地衡量进度,才能成为更好的自己。

要学会从一点一滴的小事做起,集中自己的思想,处理和解决自己手头的工作,只有达到了对手头工作得心应手的处理

能力之后，才算是打破了初涉职场的困境。通过自己的辛勤劳动，才能“熬过去”这个开头的部分。

做好自己，就是要充分发挥自己的优势，把自己的长处在工作中体现出来。

找到自己的长处，专注于自己的长处。

在许多领域，我们往往缺乏天分，毫无才干或能力，就连勉强做到“马马虎虎”都不容易，所以应该避免这些领域的工作与任务。

俗话说：“条条大路通罗马”，但并不是每一条路都是适合自己去走，每个人都应该根据自己的特长来设计自己，量力而行，根据自己的条件、才能、兴趣等情况来确定方向，找到自己的最佳位置，找准属于自己的人生跑道。很多成就卓著人士的成功，首先得益于他们充分了解自己的长处，根据自己的特长来进行定位或重新定位。大多数人都以为清楚自己的长处何在，其实不然。一般人比较清楚自己的弱点，但是知己所长非常重要。一个人只能从自己的长处，而不能从自己的缺点上去发挥。

以前人们知不知道自己有什么长处，根本无关紧要。一个人的工作与职业，出生时就已经注定了：农夫之子长大了做农夫，工匠之子长大成工匠，一个人如果不能继承父业，他就有辱天赋使命。但是现在，人可以选择要做的事，因此必须知己所长，才能知所归属。

按照现代管理学之父彼得·德鲁克的意见，发现自己长处可以利用回馈分析法。这个方法是：每当做出重大决策或采取重要行动时，事先写下你所预期的结果。9到12个月之后，再以实际成果与当初的预期相互比较。这个简单的方法可以在大约2到3年的时间内，显示出长处何在，这可能是认识自己最重要的一点。它也会显示出哪些地方你并不特别高明，或哪些地方根本毫无希望。

运用回馈分析法之后，接下来应该：

一、专注于你的长处。做你所擅长的工作，让长处得以发挥。

二、加强你的长处。回馈分析法会指出，你在哪一方面需要改进技巧，或需要吸收新知，也会显示你在哪一方面的知识已经落伍了。我们可以借此了解该吸收哪一方面的知识或哪一方面的技能，以免被时代淘汰。

这种将预期与结果相互比较的做法，还有另一个好处，就是显示出哪些是你不该做的事。在许多领域，我们往往缺乏天分，毫无才干或能力，就连勉强做到“马马虎虎”都不容易，所以应该避免这些领域的工作与任务。

对于无能为力的领域，就不必再徒耗心力，试图改进。毕竟，从“毫无能力”进步到“马马虎虎”所需耗费的精力，远比从“一流表现”进步到“卓越境界”所需的工夫更多。

另一方面，做好自己，还要对自己提出挑战，要有不断提高自我的愿望。

许多职场新人因为害怕在工作中出现错误，经常压抑自己的想法，只遵照别人的想法行事，不敢挑战自我，结果是丧失了主见，做事优柔寡断、迟疑不决。

那个压抑的你是真正的你吗？如果你觉得自己还有力量，尽管让它发挥出来吧。只有打破思维定势，勇于承担风险，勇于挑战自我，才能把自己导向成功。

当一个人具备了挑战自我的愿望后，就会在大脑中塑造一种相应的意向，接下来的行为都是按照这种意向的指挥来进行的，所以就会让自己不断实现突破，开始踏上追求成功的道路。有一句名言说得好：任何一个人都会由他的主宰"引导着走向成功"，任何一个人都具有一种超越自身的力量，这就是"你自己"。

挑战自我就需要不怕出错，我们如果要等到完全肯定和有把握之后再去行动，就什么事情也干不成。因为你在行动时随时都可能犯错误，你所作的决定也难免失误。但是我们绝不能因此而放弃我们追求的目标。你还必须有勇气承担错误的风险、失败的风险和受屈辱的风险。走错一步总比在一生中"原地不动"要好一些。你一向前走就可以矫正前进的方向；在你保持原状，站立不动的时候，你的自动导向系统就无法引导你。相反，它甚至还有可能把你引向导致失败的边缘。

职场中总有一些幸运的年轻人，他们不断有勇气和机会突破自己，每一次突破都会让自己达到一个新的境界，几年过去，就把其他同龄人甩在后面，这和“做好自己”并不矛盾，他们也是从干实事中成长起来的，而且他们做得更好，找到了更好的自己。你也可以像他们一样，做更好的自己。

与老板和谐相处

老板是为你提供工作机会的人，要在心里对他充满谢意。要尊敬老板这个人，也要对老板的意见表示尊重。

老板也是人，也会有缺点。但老板身上一定有值得你学习的地方。

做好自己不是唯我独尊，你能否做好自己与老板有很大关系，要注意和老板相处的艺术。与老板的和谐相处，是让自己在职场实现长远发展的另外一个重要原则。

职场新人在与老板的接触中，始终要保持谦逊的态度。如果条件允许，要主动地找老板谈话，请他对自己的工作多做指教，这样可以增强自己工作方面的能力，请老板对自己做的不好的地方进行批评，这种虚心的请教会让老板觉得你是一个有上进心的人，对你未来的发展大有好处。

在与老板接触的过程中要多留心，对老板偶尔吐露的话要牢记，有些话也许透露出公司存在的难点，也许是老板真正关心的东西。你记住了并在恰当的机会中加以实践，老板一定会对你刮目相看。

也许，老板所说的话和工作根本没有什么关系，可是作为一名员工，应该有一种随时听候差遣的心态，在可能的范围内，对老板的一言半语都应给予实践。这样做的话，可以给老板以惊喜，觉得你是一个执行力很强的人，会给老板留下一个好印象。

工作一段时间后，可能你觉得老板并没有多了不起，甚至还有许多缺点，很多决定是错误的。但他仍然是你的老板，公司仍然在运转，老板的缺点你看到不少，还有很多能力是你看不到的。你看到的是一个点，而老板会看到一个面。认为老板愚蠢的员工是最愚蠢的，千万别有"如果我是他，就如何如何"的感慨，你要真是他可能早就焦头烂额了。

老板也是人，有各种各样的缺点。既然他能够做到你的老板，他一定有值得你学习的东西。也许他业务不精，但是他很会处理人际关系，也许他人际关系不行，但他做事情很认真专注，好好学习他比你出色的地方，在你坐到他位置之前。

与老板相处关键在尽职、忠诚。

勇敢地接受老板的考验，完成老板交给你的任务。

如果你觉得自己不善于拍马屁，用不着担心，拍马屁不是职场上的进取之道。很多情况下，一名职场新人是没有什么机会与老板进行频繁接触的。纵使有机会接触，也应该将与老板的接触当成是本职工作以外的事情。做好自己的本职工作，才是你最重要的事，老板也需要这样的人。如果一味地想着与老板套近乎，不把本职工作当回事，最终还是会弄巧成拙，不被老板喜欢的。

每个老板都喜欢自己的员工工作时一心一意，不喜欢那些成天想到外面去寻找其他机会的员工。只有让老板觉得你是想在这里认认真真地工作，希望能为公司贡献自己的力量，才能赢得老板的好感。在公司里坚决不假公济私，做事公开公平公正，真正为公司的利益着想。

有的人在外面做兼职，这是一种工作不专心的表现，虽然可能并没有荒废自己的工作，但对于老板来说，这本身就是对公司不忠诚的表现，被老板发觉后必然没有好结果，即使没有被辞退，以后的发展和晋升肯定不会再被考虑了。还有的人喜欢在上班的时候处理私人事务，甚至有些人在上班的时间利用公司的公用电话和朋友聊天，这些行为更是有悖于最基本的职业道德，被老板发现后必然没有什么好结果，会被认为对公司不够尊重，不把工作当回事，只是在混日子。

一名职场新人刚开始工作时，公司往往只是分配给他一些非常简单、重复性的事务去负责，主要目的是让他们了解公司的基本情况。经历了这个熟悉公司情况的过程以后，老板往往

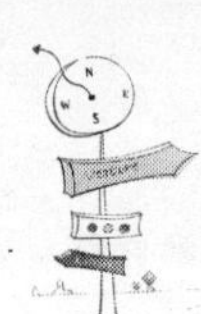

会把一些超出其能力范围或其职责范围的事务交代下来，许多职场新人会觉得压力不小，开始抱怨；但聪明的职场新人却知道，这种貌似挑剔的要求和任务，往往意味着公司对自己的考验。如果自己能够忍得住、打得通，必然会受到老板的刮目相看，以后就有了优先获得提拔和晋升的机会。如果自己退缩不前、缩手缩脚，则会被认为能力有限，难以得到提拔和重用。

老板对员工提出挑剔的要求，通过观察其反应和能力，从中决定自己对此员工的重用程度的例子并不鲜见。在网上疯狂转载的微软面试题就以挑剔和怪异出名，比如询问下水道的盖子为什么是圆的之类。对于老板来说，他不仅仅是要招聘一名新人，让公司员工规模上增加一个数字那么简单，而是要为公司注入一个有创造价值的新人。所以，表现出自己的创造价值，这才是一名职场新人应该努力做到的事情。

职场永远充满利益的斗争、欲望的角逐，这是职场永恒不变的旋律，职场新人们要学会的是如何在荆棘遍布的职场漫途中寻求到适合自己发展的康庄大道，并以坦然、淡定的心态去面对一切的苛严及挑剔。和老板相处没有什么秘密，你做好自己的事，做好老板交给你的事，老板自然会善待你。

作为公司的一名员工，受到老板的批评是再正常不过的事情了，但是受到批评的时候，还是会心里不舒服，可能会产生抵触情绪，这时候就要注意调整自己的心态。

当你面对正在火头上的老板时，不妨把自己当做一只乌龟，藏起自己的不满和冲动，任由老板指责和批评，不宜为自己争辩甚至当面顶撞老板。

每一名成长中的职场新人，他那颗稚嫩的心都害怕老板和上司的批评，会产生抵触情绪。但你应该把这种害怕和抵触情绪转化为感谢，你应该感谢老板的挑剔和批评。因为，正是挑剔和批评，才会给自己成长的压力，让自己有了奋发向上、积极求变的动力。

一个人的心情，不应该被别人的批评所扰乱，而应该保持弹性，经常保持冷静，在被批评的时候只要低头认错就好。既然老板已经批评了，就要干干脆脆地道歉，这才是一名职场新人的可爱态度。别人指责你的缺点和错误时，能够做到自我反省的人，才能够提升自己的人格，成为一个有内涵的人。

在对待批评的态度上，职场新人不妨学习一下乌龟的自卫方式。众所周知，乌龟在遭受到外力干扰或进攻时，它便把头脚缩进壳里，从不反击，直到外力消失之后，它认为安全了，才把头脚伸出来。当你面对正在火头上的老板时，不妨把自己当做一只乌龟，藏起自己的不满和冲动，任由老板指责和批评，直到老板自己说累了结束。这种比喻可能有些不太恰当，但是从摆正心态的角度理解却是聪明和正确的。

在受到老板批评时，切勿当面顶撞。有时候，可能会在公开场合里受到老板的批评指责，自己难免会觉得难堪，特别是当

你觉得老板的指责是没有道理的时候。在周围同事众目睽睽之下，你可能会为了自己的面子，失去冷静，反驳老板的批评以显示自己的无辜。这样的一时快意，换取的可能仅是同事的一丝同情，留给老板的却是加倍的震怒和斥责，最终受害的还是你自己。那种情况下，既然你都觉得自己下不了台，那反过来想想，如果你当面顶撞了老板，老板同样会下不了台。如果你能在老板发其威风的时候给足面子，起码能说明你的大气、大度、理智、成熟。当老板冷静下来以后，就会对你的表现进行反思，你的表现一定会给他留下深刻而难以磨灭的印象，他的心里一定会存有愧疚之情，你可能因此而获得其他方面或形式的补偿。

要认真对待老板的批评。老板一般不会把批评、责训别人当成自己的乐趣，既然批评人容易伤和气，那么他在提出批评时一般是经过谨慎考虑的，没有人愿意无故地与人翻脸。老板的批评，从一般角度考虑，一定是有一些原因的，或对或错，都表明老板对某些和你有关的工作不满意。因此，被批评的时候要认真对待，首先应该抱着自责和检讨的心理去接受批评。

另外，老板一旦批评了你，就有一个权威问题和尊严问题，如果你不认真对待他的批评，把老板的话当做耳旁风，依然我行我素，这样会让老板面子尽失，让老板觉得你的眼里没有他，对你的前途发展非常不利。对于一名职场新人来说，在受到老板的批评时，应该尽可能保持谦逊的姿势，虚心的神情，同时眼神不可随意飘动，要表现出对老板批评的专注来，不要让老板觉得你心不在焉或是不服气。

如果老板的批评中有你所能立刻明白的教训，最好在老板批评完后，将被指责事项逐一复诵，并尽可能地陈述自己计划的改善方案，诚恳地请求老板给予指导。如果条件合适，也可以在事后对老板的训示加以感谢一番。对于老板来说，一名职场新人能够完全接受教训、理解老板的“苦心”，且积极地谋求改善，还对教训心存感激，是再高兴不过的事了。这样即使你做错了什么事情，老板也会觉得你是可原谅的。

如果遇到“坏”老板

有时一份工作最难的地方就是如何与老板相处。

在遇到各式各样的“坏”老板或“不近人情”的老板时，职场新人如何做到不受困扰，就显得尤为重要。

职场新人可能会遇到各种各样的老板，比如，有的老板脾气暴躁，特别喜欢批评人；有的老板偏听偏信，不能公平对待每一个人；有的老板事无巨细，太爱管事；有的老板喜欢奴役员工，分配的工作能累死人；有的老板特别喜欢怪罪人……人上一百，形形色色，老板也是如此。

如果遇到性情相投的老板，那是你的幸运，要珍惜。如果遇

到“不近人情”的老板，则要注意策略，不要和老板发生冲突。

有的老板脾气很大，动不动就把员工当做出气筒，职场新人往往会成为他斥责的对象。你可能会疑惑，老板为什么总是有那么大的火气，尤其是当老板在众人面前对着员工大吼大叫，就更是让人奇怪，难道老板不需要顾及自己的形象吗？职场新人应该明白的是，有些老板之所以这样做，并不是表明他缺乏教养，而是老板认为这是一种有效的管理方式，老板认为这种近似于辱骂的发火，可以让员工记住教训，改变行为方式。当然，不可避免地也会有发错了火的情况。

职场新人在遭遇脾气暴躁的老板时，千万不要分寸大乱。当老板对着你大吼大叫时，你可以这样说：“让我们谈一下这件事，你先说，我不会打岔。等你说完后，我会给你进行解释。”这样，就可以给自己一个调整情绪的时间。另外，如果老板的性格就是暴怒无常，即使你不想挑起战争或是进一步刺激他们，也不应任由他们无理取闹。你可以明确地提出等到对方消了气的时候再进行工作事项的谈论。这看起来可能是很需要勇气的举动，但是它会带给你力量。

有的老板喜欢听小报告，你不必去迎合他。

有的老板爱管事，你不要受束缚，做好自己就行了。

有的老板喜欢听小报告，采取偏听偏信的态度，不能平等对待每一个人。职场新人在这种情况下，应该采取怎样的态度呢？是自己也学着打小报告，还是任由小报告伤害自己？可以说，两种态度都是不可取的。而是应该将精力主要放在工作上，用成绩来说明问题。老板不可能为了找碴而找碴，最终还是要看工作成绩的。

由于老板听信了别人的话，而对自己责难时，职场新人应该采取“有则改之，无则加勉”的态度，这也就是我们前面说到的，要感谢老板的挑剔和批评，这些挑剔，本身就可以让自己更快地成长。通过自己在工作上的努力来澄清谣言，是再好不过的办法了。

有的老板事无巨细，都喜欢亲自过问，这就是爱管事的老板。职场新人会觉得自己好像是受到了监视，实际上就某种程度而言，你确实被监视了，爱管事的老板会监视你所做的每件事情。职场新人会觉得在监视下工作，碍手碍脚，会产生一种高度紧张感，可能因此而影响到工作效果。

在遇到这种老板时，你就把老板的监视不那么当回事，要想到做好自己就可以了。

你要搞清楚的是问题在不在你身上。事必躬亲通常只是你老板的性格特质，并不代表你的工作表现不好。爱管事的老板很可能在生活的其他方面，也是什么小事都要管。职场新人，只要做到管理好自己，将自己的工作做好，就根本不怕老板的监视了。如果老板在监视时，发现和指出你的错误，你当然应该诚心接受；如果你做得足够好，老板监视也根本没用，因为他没有

挑错的机会。

爱管事的老板认为他在掌控事态，因此，对于职场新人来说，最好的对策就是给对方一种一切尽在其掌握之中的感觉。在一件事情的重要节点，适时地进行主动汇报，为一些重要的细节向老板咨询请教，老板就会觉得自己掌控了一切，你做起事来也就顺利多了。

有的老板总是把做也做不完的工作推到员工身上，你要及时扭转被动局面。

有的老板特别喜欢怪罪人，你不要沦为"抱歉机器"。

有的老板总是把做也做不完的工作推到员工身上，他们希望员工的心里只放着工作，不要有任何其他的个人事务。遇到这种老板，职场新人首先应该感到庆幸，因为老板肯把工作交给自己，是对自己的信任，并且较高强度的工作可以让一个人成长得更快。

但是，如果工作量根本不合情理，甚至自己越是完成得多，老板就越是给自己加大任务量，根本不考虑实现的可能，那么，职场新人就要注意了，尤其是老板订立极其紧张的时间表，并且在工作进行的过程中总是不断地询问和催促进度。遇到这种情况，你可以向老板提出建议，让老板明白如此庞大的工作量只会让自己的工作效率降低，或者提醒老板这样做的话会严重降低工作的质量。你可以这样说："在这么不实际的时间里要我完成工作，很难做出好的成品。我们可否重新估算一下完成时间，好让我向你交出最好的产品？”在这种老板手下做事，要注意扭转被动局面。如果你不能及早地处理这种任务过多的矛盾，自己一个人在那里想办法，甚至是通过寻求别人的帮助来完成了任务，老板可能会给你更多的任务，纵使不增加任务，保持不变的任务量，你也不可能总是向别人寻求帮助。这时，一旦无法完成任务，老板就会说你曾经完成过，现在不能完成是自己出了什么问题。所以，要尽早地解决这个矛盾。

职场新人要避免的情况是，面对过多的任务时，提出和工作无关的理由，比如说这么多的事情影响了我的私人生活，虽然这个理由是合情合理的，但在老板听来，却是非常别扭的。所以，要注意避免这个情况。

有的老板特别喜欢怪罪人，他们更喜欢把责任推给别人，而非找到解决的办法。这种老板喜欢挑错，而且会花一大堆时间去找是谁犯的错。在遇到这种老板时，职场新人很可能会不管什么原因，只要被老板指责，就可能想到要先道歉。实际上，这是完全没有必要的，在老板对自己指责的时候，要让其将话说完，但要避免不必要的道歉，以防掉入这个陷阱，沦为一个“抱歉机器”。

对于职场新人来说，凡事都道歉的话，会对自己造成潜在的伤害，因为你承担了本不属于自己的责任，还变成了容易被攻击的目标。你为爱怪罪人的老板工作时，不要为那些你没做

过的事情道歉，要说清楚从来没有人给过你相关的知识。

在爱怪罪人的老板下面做事，就要记得掌握证据，将所有的事情做好记录，这样在出现错误的时候，就能够有据可查。尤其是有了完整的书面文件时，你可以确定不用为你没有犯的错误负责，这是最基本的办公室法则。另外，如果你的同事和你有同样的感觉，都觉得老板特别爱怪责人，就可以考虑团结起来保护彼此，为没有做过的事情进行相互证明，当然，前提必须是确实清白，不能走到合起来对抗老板的反面去。

对于职场新人来说，要有这样一个想法，“坏”老板无所不在，但自己要心有所思，完全不受“坏”老板的影响，不能让他们成为自己职业发展的障碍。设法用最简单的办法来对付他们，把他们的不合理，都视为合理，努力配合他们、满足他们，然后留给自己最多的时间、空间，去学习自己所设定的目标。通过这样的一个历练过程，职场新人就成功度过了自己的人生学习期，完成了自己的成长。

多请教，多征求意见

自尊心强、爱面子几乎是每个初涉职场者共同的特点，然而同事或上司也一般不会主动自觉地去跟你进行沟通，或者是即使沟通,也难以针对性地对你提出有实际作用的业务指导。基于这个原因,职场新人一定要谨记的便是多请教,多征求意见。

在工作中,我们可能会遇到一些困惑、一些需要我们解决的新问题。在这种情况下,你首先需要做些什么呢? 要会问、善问、敢问,这很重要,因为这是你获取信息的一条捷径,在你获得一份新工作或得到一个新职位时,在高兴之余,你可能会问自己,我该从何处着手和如何开始呢? 这就表明你对这个职位或这份工作还不太熟悉,还存在疑问。而此时,你往往会选择去问以前的老同事,从他们那里获取你所需要的信息,因为这样可以节省更多的时间和获得大量现实可靠的经验，如此一来,你就能更快地融入到你的工作和角色之中。

有的人在刚参加工作的时候,总是端着自尊,对自己不知道的问题,喜欢自己去琢磨,结果就很容易出错。在工作中进行独立的思考本身是个好习惯，但是对于自己不熟悉的内容,或者是别人对这个问题已经有了深刻了解的情况下,不妨去请教别人,这样就可以在短时间内解决问题,提高了效率,你也很快地获得了提高。工作技能的养成,并不总是需要通过直接经验来获得的。比如,上级分配你撰写一份公文,如果你对公文的格式等情况不了解,自己去查阅资料是一种途径,但这需要耗费较多的时间,还可能是花费了时间却没能收到效果。这时不妨就请教你的同事,让他们为你提供一个此种公文的范式,做起来就容易多了。

进入职场后，什么类型的人会很快适应环境？往往是心态平和，跟大家友好相处的人适应新环境最快。所以，封闭自己，拒绝请教是要不得的。

刚开始新的岗位，往往怕出错，怕别人瞧不起，而往往事与愿违，这个时候就越容易被别人评头论足，同时小错不断。到新的岗位上，往往认为工作也没有什么难的，可以自己琢磨出来，不需要别人的帮助。上级布置了工作，往往不去问工作的标准和要求是什么，就开始执行了，回来被要求返工，还会愤愤不平，以为上级是为了找碴挑剔自己。遇到不懂的事情，怕难为情，硬着头皮装懂，到头来可能耽误了时间，还没有结果。这些事情发生得多了，就多了很多挫败感，更加丧失对自己的信心。

请教不是难为情的事情，只要你摆正心态，纵使请教中遇到一些阻力，你也一定能够跨越过去，因为你会发现，请教有着太多的好处了。职场新人在请教的时候，应该保持平常平和的心态，哪怕对方有一些不耐烦，你还是保持平常心，一次两次就会打动对方的。任何环境中都有一些潜规则，是自己不了解时不可能领悟的规则，相反，如果积极去请教，马上迎刃而解，即便有一两个人不乐意告诉你，你也损失不了什么。触了霉头再了解到，就会得不偿失。

向领导和老同事请教工作，体现了对他们的尊重。要知道，很多人都有“好为人师”的情结，他们在获得心理满足的同时，不仅不会小瞧你，反而会因为受到尊重增加对你的好感，请教拉近了彼此的心理距离，有助于建立良好的人际关系。通常情况下，公司里肯定有资深的同事，非常乐意成为别人的指导者，这些同事就是你最佳的请教对象。如果他肯把自己的时间花在跟你的沟通上，说明你的问题，正好就是他很想跟别人分享的地方，抓住这样的机会，打破沙锅问到底吧。当然，在向他人求教的同时，自己也应该努力钻研业务，提高独立工作的能力，这对职场新人来说也是很重要的。

请教是一门艺术，如何组织你的问题，直接关系到你是否能获得你想要的所有答案。会问的人，总是善于组织自己的语言和思维，能够清晰地表达出自己的真实意思，从而充分获取信息。

一般来说，询问开放式的问题，就是能鼓励对方发言，可从对方身上获得充分信息的问题，通常会收到比较好的效果。开放式问题，代表你真心想知道对方对某件事情的意见，你不仅是为了带动话题而鼓励对方说下去，更是为了给对方充分表达自己对所提问题的看法、观点和感觉的机会。开放式问题通常会带出更详尽更具体的答案，只要你问得得体，表达确切，对方提供的答案和坦白程度将超过你的想象。

在请教时，要注意使用正面的措辞。问题的措辞一定用肯定的语气，而不要用模棱两可的词语。如果问话模棱两可，对方在回答你的问题时就难免会有保留。而用肯定的语气会使整个

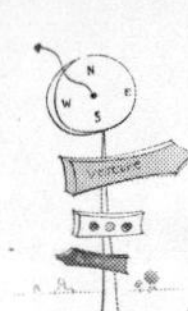

谈话过程、气氛比较顺畅，毕竟交谈需要从正面积极的角度出发。

在请教时，不要把问题中心一直围绕在自己身上。你询问别人，是为了获取你想要的信息，假如你总是把话题绕着自己打转，会让对方感到厌烦，你应该多谈对方关心的事情和关于他们从事某项工作时的事情，这样，对方会觉得你很尊重他的经验和建议，也就愿意为你提供更多的信息。

职场新人在接到一项任务时，需要向布置任务的上级请教清楚，而不是简单地应承下来。

在进行项目准备的时候，不要只看文字的资料，还要深访内部专家和相关项目执行者，这样会帮助你快速掌握真谛，避免走很多的弯路。在请教的时候，要注意以下几点：

以平常心和谦虚的心态让别人接受你：请教的目的是快速准确地找到答案，好的态度就是通行证，如果没有不耻下问的态度，可能会处处碰壁。

做好功课，对问题的关键已有分析和准备：请教专家级人物，需要做好功课，事先对相关基础问题已有答案，而你提出的问题应该是难题为好，这样有挑战的问题，才会引起重量级人物的重视。

清楚地了解谁是合适的请教对象：不同的问题有不同的对象，而一个问题也有可能有多个对象，了解其擅长哪些，喜欢沟通哪些,才可以成功交流。

一个问题只问一次:别人回答你的问题需要时间投入,不要浪费别人的时间,避免一个问题问了多次还没有解决,这可是很重要的规则,不可不遵守。

准备着为别人解答问题:分享是个习惯,你乐意帮别人,别人才会帮到你,解答问题也会激起火花,促使你更深入地理解问题。

主动与老板同事沟通

职场新人要特别注重和上级领导的沟通,要有主动性,表达你的意图,说出你的疑问。

领会领导的意思,争取得到领导的认同和帮助,把事情干得更漂亮。

在职场中,我们经常会看到一种看似不公平的现象,能说会道但不怎么实干的家伙比能干但不善言辞的仁兄获得更好的职业发展机会。问题往往出在沟通方面。职场新人要特别注重和上级领导的沟通,要有主动性,表达你的意图,说出你的疑问,领会领导的意思,争取得到领导的认同和帮助,把事情干得更漂亮。

及时地与老板同事沟通，对工作的推进有巨大帮助，职场新人一定要明白这一点。在沟通中，可以让领导了解你的进度，如果你的进度与领导要求有出入会很快暴露出来，不至于等到工期快结束了措手不及。

在与领导同事交流的过程中可以让你的思路更清晰，你只有在自己很清楚的情况下，才可以清楚地阐述给别人。你可以把自己的解决思路说出来，让领导同事一起帮你推敲一下是否可行。即使是复杂的一时很难想到解决方法的问题，经大家讨论后，会让领导了解你的难处，也可以起到集思广益的结果。

另外，沟通本身就是一种工作能力，如果领导觉得与你沟通起来很有效率，也看到了你办事的能力，就会在很多方面朝你倾斜。他会让你做最可能耀眼的业务，配备最优质的资源，这样你的成功就指日可待。

勤请示，多汇报。职场新人要敢于和老板沟通，主动和老板沟通。

一名职场新人的主动沟通行为通常是老板所希望和喜欢的，老板大都赞赏自己的下属具有主动沟通的意识。

工作中的沟通包括多个方面，其中，与老板的沟通、与同事的沟通、与客户的沟通等；其中对职场新人起最关键影响的沟通内容就是与老板的沟通。然而令人遗憾的是，对很多职场新人来说，与和自己平级的同事沟通尚还可以，然而一旦遇到要跟老板沟通的情况,就成了“软肋”或“瓶颈”问题。

职场新人怯于与老板沟通的原因，分析起来不外乎是:在与老板的沟通经验中，自己感觉更多的是被老板批评或者训斥,逐渐产生了畏惧;感觉老板是领导,某些等级观念作祟使得自己宁可憋在心里,也不原意跟老板去沟通;自己认为某些事情很小,根本没必要去麻烦繁忙的老板;跟老板沟通过某些事情,却根本没有任何结果,渐渐地也就很少再去沟通了;自己内心害怕与老板沟通,也不知道该怎么跟老板沟通。正是由于这些所谓的原因,逐渐开始有意避免与老板进行直接沟通。在本来需要与老板沟通的时候,犹犹豫豫、瞻前顾后,甚至是胆战心惊,结果呢? 跟老板之间的鸿沟更宽、更深。太多的职场教训告诫我们,这并非危言耸听。

尤其是工作中出现了一些意外的状况时,职场新人更应该及时地与老板进行沟通。沟通可分为主动和被动两种,职场新人应该注意培养自己主动沟通的习惯。

主动与老板进行沟通是快乐的。一名职场新人的主动沟通行为是老板所希望和喜欢的,老板都赞赏自己的下属具有主动沟通的意识,在众多的下属中,具有主动态度和精神的往往是少数人。其次,即便下属出了某种状况或是犯了某种错误,跑来跟老板主动沟通,承认错误并表示承担责任,面对这种情况,老板其实也很难拉下脸,来场劈头盖脸的暴风骤雨。最后,老板很少会打击这种积极主动的态度,事实上,此时老板所给予的更

多是必要而真诚的指导。

与主动沟通相反，被动的沟通是痛苦的。一来，被动会被老板认为，在发生问题的时候我们选择了隐藏和逃避责任，而这种态度是任何老板所不能容忍的；二来，老板通常也不喜欢主动沟通，除非某种状况累积到一定程度，到了忍无可忍的时候，老板才会像火山一样爆发出来，结果也就不好控制。

职场新人也需要及时地与同事进行沟通，并且这也是工作中最基本和最主要的沟通组成部分。

同事做的工作，要么是与自己所做工作相同，要么就是与自己所做工作需要进行衔接，实际上，两种情况通常是交叉的，也就是同事之间一起构成一个团队，唯有团队成员之间进行精诚合作，才能出色地完成工作，这个过程中，沟通是十分重要和必要的。

职场新人与同事进行沟通，需要克服畏惧心理，这包括两个方面的内容，其一是出于自尊心的缘故，觉得这么简单的问题也要去和同事沟通，显得自己很没水平，因此一个人蒙在那里“研究”，结果花费了大量的时间才搞懂同事可能只需要一句话就能说明的事情，最糟糕的情况是，纵使花费了大量时间，依然没有得到结果，最终还是不得不接受别人的指导。其二是觉得同事都有自己的事情，为自己的事情麻烦同事，觉得是不合适的，怕麻烦同事或是害怕被拒绝。实际上，这种担心是完全没必要的，既然是对工作内容进行沟通交流，就都是为了将工作做好，目的在于将整体工作推向前进。

职场新人与同事进行沟通的时候要开诚布公，相互尊重。如果虽有沟通，但不是敞开心扉，而是藏着掖着，话到嘴边留半句，那还是无法达到沟通的效果。

沟通需要共同的语境、相同的语言、相似的表达方式，以及共同的利益追求。

要站在别人的角度考虑所沟通的问题。

工作沟通的目的是为了达成某种共识，而共识达成的道路，是荆棘丛生、沟壑纵横、泥泞不堪的。沟通中，人们的利益关注点不同，结果导向各异，加之语言习惯不同，沟通方式不同，甚至还可能持有完全不同的价值观，这些都构成了现实或潜在的障碍。

如果沟通者始终站在自己的立场，使用自己的语言，用自己习惯的表达方式，来进行沟通；而对方也以同样的方式，那么就很难达成共识，甚至可能会引发冲突。沟通需要共同的语境、相同的语言、相似的表达方式，以及共同的利益追求。也就是说，跟谁沟通就用谁的语言。

跟谁沟通就用谁的语言，是最优秀的沟通策略，不仅包括在沟通中使用相同的语气、语调、口头禅、方言等，而且还要尝试站在对方的立场和角度，考虑到对方的利益和需求。由此所

创造的共同语境、共同心态和利益，将使得我们大幅度节约磨合的时间和成本。比如跟一个比较随和、爱开玩笑的人沟通，你应该表现得轻松一点，开朗一点；而和一个循规蹈矩、不苟言笑的人沟通，你不妨表现得严肃一点，认真一点。这样，你和对方的情绪是同步的，会让对方产生一种被理解、被接受和被尊重的感觉。相反，如果情绪不同步，将使交流双方的心理距离拉大。

跟谁沟通用谁的语言，代表你的心态、你真诚的态度。只有这样才是更好的沟通方式，也才可能得到更有效的沟通效果。跟谁沟通用谁的语言，另一层意思就是，要站在别人的角度考虑所沟通的问题。所以，如果想跟别人能够顺利、和谐地沟通，就要注意：跟谁沟通就用谁的语言。

沟通要有人情味。如果我们以强硬的、蛮横的态度去跟同事沟通，结果必然是遭到同事的当面对质或者其他方式的对抗；但是，如果我们用平和的心态，采用协商的方式去跟同事沟通，对方也会以礼相待，很快找到共识点。

在沟通的过程中，我们可能看到过这样的情况：有些人在沟通过程中表现得非常强势，态度强硬，毫无退让；有些人在沟通过程中，总是站在责难或挑剔的立场，把沟通气氛搞得非常差；有些人则利用沟通机会，相互抱怨，互相推卸责任；更有甚者，会发生在沟通中吵架的现象……

上面提及的这些结果都是沟通中应该避免的，这就需要掌握合适的沟通方式，要讲究沟通中的人情味。态度决定沟通方式，持有什么样的态度去跟别人沟通，就会产生什么样的结果。例如，如果我们持有强硬的、蛮横的态度去跟同事沟通，结果必然是遭到同事的当面对质或者其他方式的对抗；但是，如果我们用平和的心态，采用协商的方式去跟同事沟通，对方也会以礼相待，很快找到共识点。

作为一名职场新人，尤其需要知道的是，尽管大家在公司里相互共事，但并不见得大家喜欢跟你共事。因此，就必然隐藏着风险和危机。假如我们希望同事都非常愿意跟我们进行沟通，希望能够减少沟通中的问题与摩擦，能够尽快达成双方期望的共识，就应该用协商的方式进行沟通。假如不是以协商的方式进行沟通，那么结果将可能变得非常糟。用协商的方式沟通或协调，便于激发每个人的参与感，贡献自己的智慧。抱着协商的姿态就是把自己的心态放低，因为我们不仅需要他人的协助，也需要其他人的建议和贡献。

职场新人在与人沟通的过程中，要特别注意学会提问，通过利用提问，可以诱发对方的兴趣，引导对方产生正面的反馈。比如当你需要去和领导或是同事谈话，而又没有提前约定好。这时你问他："你不会讨厌我这个不速之客吧？"这让对方很难回答，没准儿他心里正讨厌得要命，只是不便说出口而已。如果你这么问他："我想耽误你一点点时间，问一件工作中很重要的

事,你不会拒绝吧?"这样,对方会回答说:"当然不会。"

职场新人在沟通中,容易走一种极端,要么是一个劲儿地提问,需要对方不断地回答自己的各种问题;要么是一味被动地接受,对于别人的话语只进不出。这都是不正常的,沟通不能只进行单向地信息传递与接收,而应该在消除距离障碍的基础上进行双向互动的交往和沟通,即"互动零距离"地进行沟通。这样,不仅可以把自己的观点有效传达给对方,使双方的观点能够有所交集且达到共识, 而且能够表达自己的独特想法,以自己独特的原则和方法,与他人进行互动。

要注重沟通的职业化,职业化的沟通是快速有效的。

但职业化的沟通并不意味着随时都板着面孔,一副公事公办的样子。

职业化的沟通讲究效率,你要想清楚了再说,准确地表达你的意思,同时也让对方能明白你的意思,这和平时生活中那种随意的交流不一样,要能抓住事情的关键点,节约你的时间,也节约对方的时间。在任何沟通开始之前,先问自己,我的点是什么,努力思考让我的点明确在先,我的沟通在后。

职业化的一些习惯有时显得违反人们的自然属性,有些冷酷,但这确实是我们需要接受的职业化的现实。如果你不认同职业化的文化核心是价值与实效,你就无需考虑是否简单到点了。职业化的沟通并不意味着随时都板着面孔,一副公事公办的样子。

有这样一个故事：贝聿铭是著名的华裔建筑设计师。在一次正式的宴会中，他遇到过这样一件事：当时的宴会嘉宾云集，在他邻桌坐着一位美国百万富翁。在宴会中，这个百万富翁一直在喋喋不休地抱怨："现在的建筑师不行，都是蒙钱的，他们老骗我，根本没有水准。我要建一个正方形的房子，很简单嘛，可是他们做不出来，他们不能满足我的要求，都是骗钱的。"

贝聿铭听到后，没有直接地反驳这位百万富翁，他问："那你提出的是什么要求呢？"百万富翁回答："我要求这个房子是正方形的，房子的四面墙全都朝南！"贝聿铭面带微笑地说："我就是一个建筑设计师，你提出的这个要求我可以满足，但是我建出来这个房子你一定不敢住。"这个百万富翁说："不可能，你只要能建出来，我肯定住。"

贝聿铭说："好，那我告诉你我的建筑方案，是建在北极。在北极的极点上建这座房子，因为在极点上，各个方向墙都是朝南的。"百万富翁听了，无话可说。

贝聿铭的这次沟通有两个特点，一是专业化，让专门挑刺的对方听了再也挑不出毛病；二是委婉的表达，因为他这是在和潜在的客户进行沟通，即便知道不可能进行合作，也要讲礼仪。职业化程度高的人是指能够在合适的时间，合适的地点，说合适的话，做合适的事情，也就是做到了训练有素。而这些也都可以通过随和的方式表现出来。

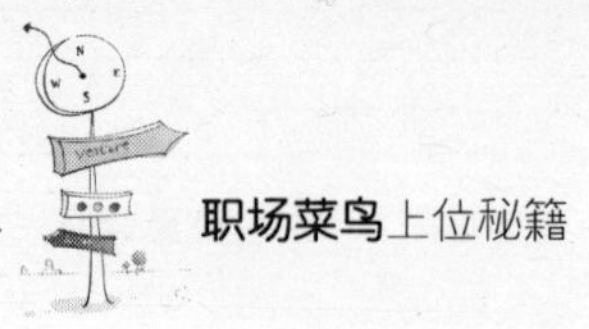

乐于帮助同事

职场新人不应把工作边界划分得太清楚，不妨多做些“分外”工作，对同事的协作请求多一份帮助。

在工作中，难免会有同事提出请求协助的需求，面对同事的需求，一名职场新人的反应应该是调动自己的资源给予积极的协助。的确，职场中的每个人都承担着自己的工作职责，顶着很大的工作压力，每个人的时间、精力和智慧都倾注在自己的工作上。向其他同事提供协助，就需要占用我们原本就很紧张的工作时间和资源，所协助的工作通常并非自己分内的，需要额外的精力和智慧，并且要承担更多的任务和压力。所以，在这个时候，凡是接到类似请求协助的需求，人们都会有犹豫甚至有为难的感觉。

那么，既然我们时间有限，资源紧张，为什么还要提供协助呢？实际上，工作没有分内和分外的区别，尽管每个人都有自己的工作职责，但并非除职责之外，就属于分外的事儿，是可以有所选择的，甚至是可以拒绝的。在任何一个公司里都有相应的管理结构和职责分工，都不可能也没有必要涵盖所有可能的工作事项，很多意外的、边缘的或者交叉的事项，都可能属于“分外”，甚至是所有人的“分外”工作。而这些工作,是必须要去做的。

职场新人要避免陷入地盘效应与草率的利益切割的旋涡。所谓地盘效应,就是对自己的工作边界进行划分,这是我的工作范围,我的事项全部自己搞定,不会请你帮忙;而那是你的工作范围,你自己搞定,也不要请我协助。这样就会形成一个个固若金汤的堡垒,相互的信息沟通与资源共享全部无法实现,从而导致公司内耗。所谓草率的利益分割,就是凡事首先以利益切分为前提,利益没搞清楚就甭想谈分工和协作。结果双方都容易摆出一副争夺利益的架势,相互争得不可开交。而这两种现象,是同事之间相互协作的硬伤所在,必须予以警惕和避免。

如果我们抛弃那种凡是“分外”工作就不做的态度,能够不首先划分自己的“地盘”,也不以利益来区分工作,而是能够在同事请求协助的时候,给予积极、有效的协助,那么我们也将会得到更多的合作经验、更加融洽的关系、时间分配与管理的能力。当然,这样需要我们牺牲一些东西,增加时间和精力的投入。

职场就是请求合作与提供合作的一种相互关系。只有你乐于帮助同事,才能在需要帮助的时候,得到同事的帮助。

一些职场新人会天真地认为,自己是新人,理所应当地应该得到前辈们的指点,但却吝于对别人施以援手。岂不知,职场中的铁律是,想要别人怎样对你,你首先就要怎样对待别人。

用你希望同事对待你的方式来对待同事,乐于帮助同事,

才有利于营造一个和谐的工作场，而不是建立一个以自我为中心的孤立场。职场就是一个人与人之间关系的集合体，每个人都不可避免地跟其他人发生各种关系。既然有关系，就会存在一个以怎样的姿态和方式对待别人的问题，而这个问题是非常微妙的。在这些关系的处理上，我们总是习惯于把“我”放在优先的位置，总是希望别人能够做得更多些，而自己做得更少些。

人际关系具有强烈的反作用力，如果我们采用不友好的方式对待同事，在同事需要帮助的时候表现得冷若冰霜，那么他们也会反过来这样对待我们，会通过显式的或是隐式的途径来给我们难看。一名职场新人，是最需要同事前辈们的指点和帮助才能获得成长的，缺乏了同事的帮助，这个成长过程将会显得异常漫长。所以说，一次吝啬的不予帮助的行为，给我们造成的损害绝非表面看起来的那么一点。

职场就是请求合作与提供合作的一种相互关系，也就说你有求人的时候，也有被人求的时候。有人请求你的帮助或协助，是一种价值的体现，应该倍加珍惜被别人请求的机会，因为这种机会不是每个人都有的；而帮助别人，你也将收获成就感和威信，帮助别人也能换来良好的人际关系，这些都将为后期你的请求协助铺平道路。

帮助别人更是帮助你自己，我们在帮助别人时，也埋下了和谐的种子，将令我们收获良好的人际关系。所以，当我们遇到别人请求帮助的时候，应该抱着“予人玫瑰、手有余香”的想法，为其提供积极有效的协助，这样所换回来的绝对不仅仅是一份感激，而是更多的东西。

职场新人在一开始的时候，可能会需要帮助其他同事做一些和工作完全无关的服务性工作，也就是“打杂”。实际上，入门打杂，“吃点亏”也是职场生存守则的要素。

职场新人给别人“打杂”，比如帮忙跑腿、订餐、复印、会议记录乃至办公室清洁等现象并不少见，对此有人抱怨这是无理虐待，实际上，新人“打杂”也是职场生存守则的要素。

职场新人打打杂，其实对以后的职业发展往往是利大于弊的，你在帮助同事做这些微不足道的小事时，就在悄无声息中与同事打成了一片。新人初来乍到，常常一头雾水找不到方向，而办公室的前辈们，个个有繁忙工作在身。如果职场新人能够做一些举手之劳的事情，可以迅速与同事拉近距离，会更容易得到他们的指点。谁会拒绝一个手脚勤快、乐于助人的职场新人呢？

另外，新人打杂，本身就是一个情商培训的过程。对于现在的“80后”，甚至“90后”职场新人来说，很多人都是独生子女，从小娇生惯养，容易以自我为中心，而带着这种思维习惯进入职场，会让自己麻烦重重。办公室打杂的过程，就像是研究人员进入无菌室前的那道消毒程序，把他们身上与职场格格不入的习惯淡化、洗去，教会他们如何服务他人，与他人合作，以他人为

重，帮助他们更好地适应工作环境。

职场新人应该培养一种与人为善的职场态度，把对同事力所能及的帮助当成是对自己情操的陶冶。

最后要说的是，帮助同事，本身就是一件积极和有意义的行为，职场新人应该培养一种与人为善的职场态度，把对同事力所能及的帮助当成是对自己情操的陶冶。与人为善，可以为自己创造一个宽松和谐的人际环境，使自己有一个发展个性和创造力的自由天地，并享受到一种施惠与人的快乐，从而有助于个人的身心健康。与人为善可以给我们带来好心情，还可以给我们带来身体上的健康。

研究表明，人的心理活动和人体的生理功能之间存在着内在联系。良好的情绪状态可以使生理功能处于最佳状态，反之则会降低或破坏某种功能，引发各种疾病。与人为善，对同事施与帮助，并不是为了得到回报，本质上是为了让自己活得更快乐。

合不来就敬而远之

每一个人，都有自己独特的生活方式与性格。在公司里，总有些人是不易打交道的，而同事的关系又需要你们进行合作，

所以,掌握一些对这些人的应对策略是非常必要的,并注意与其保持适当的距离,要做到"敬而远之"。

有的人口蜜腹剑,"明是一盆火,暗是一把刀"。碰到这样的同事,最好的应对方式是敬而远之,能避就避,能躲就躲。如果在办公室里这种人打算亲近你,你应该找一个理由想办法避开,尽量不要和他一起做事,实在分不开,不妨每天记下工作日记,为日后应对做好准备。

有的人城府极深。这种人对事物不缺乏见解,但是不到万不得已,或者水到渠成的时候,他绝不轻易表达自己的意见。这种人在和别人交往时,一般都工于心计,总是把真面目隐藏起来,希望更多地了解对方,从而能在交往中处于主动的地位,周旋在各种矛盾中而立于不败之地。和这种人打交道,你一定要有所防范,不要让他完全掌握你的全部秘密和底细,更不要为他所利用,从而陷入他的圈套之中而不能自拔。

有些人喜欢搬弄是非。一般来说,爱道人是非者,必为是非人。这种人喜欢整天挖空心思探寻他人的隐私,抱怨这个同事不好、那个上司有外遇等等。长舌之人可能会挑拨你和同事间的交情,当你和同事真的发生不愉快时,他却隔岸观火、看热闹,甚至拍手称快。也可能怂恿你和上司争吵。他让你去说上司的坏话,然而他却添油加醋地把这些话传到上司的耳朵里,如果上司没有明察,届时你在公司的日子就难过了。

有些人刻薄。刻薄的人在与人发生争执时好揭人短,且不

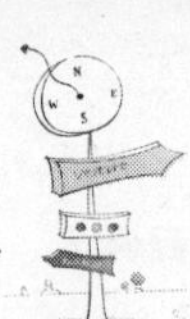

留余地和情面。他们惯常冷言冷语，挖人隐私，常以取笑别人为乐，行为离谱，不讲道德，无理搅三分，有理不让人。他们会让得罪自己的人在众人面前丢尽面子，在同事中抬不起头。碰到这样一位同事，你要与他拉开距离，尽量不去招惹他。吃一点儿小亏，听到一两句闲话，也应装做没听见，不恼不怒，与他保持相应的距离。

有的人交浅言深，也应注意。初到公司，可以透过闲谈而与同事沟通，拉近彼此之间的距离。但是有一种人，刚认识你不久，便把自己的苦衷和委屈一股脑儿地向你倾诉。这类人乍看是令人感动的，但他可能也同样地向任何人倾诉，你在他心里并没有多大的分量。

遇到顺手牵羊爱占小便宜的同事，要敬而远之。有的人喜欢贪小便宜，以为"顺手牵羊不算偷"，就随手拿走公司的财物，比如订书机、纸张、各类文具等小东西，虽然值不了几个钱，但上司绝不会姑息养奸。这种占小便宜还包括利用公司的时间、资源做私事或兼差，总认为公司给的薪水太少，不利用公司的资源捞些外快，心里就不舒服。这种占小便宜看起来问题不严重，但公司一旦有较严重的事件发生，上司就可能怀疑到这种人头上。

被上司列入黑名单的同事，要敬而远之。只要你仔细观察，就能发现上司将哪些人视为眼中钉，如果与"不得志"者走得太近，可能会受到牵连，或许你会认为这太趋炎附势。但有什么办法，难道你不担心自己会受牵连而影响到晋升吗？不过，你纵然不与之深交，也用不着落井下石。

需要特别指出的是，上面提到的各种同事的性格特点，也不是非常绝对的，因此所谓的“敬而远之”的尺度就需要你去具体地把握。再说了，既然是同事，就需要在同一个屋檐下干活，甚至还需要进行经常性的交流和合作，必要的沟通还是必须的，只是说与这样的同事在相处时要避免深交罢了。对于职场新人来说，新进入一家公司，应当表现得友善大方，主动与人交际。纵使遇到各种难对付的同事，也应该学着与其交往，这样也有利于提高自己的交际水平。另外，也不应该以同事难以相处为借口，拒绝交流和合作。尤其是当你觉得所有的同事都是那么难以相处的时候，就应该多从自己的身上找一下问题，是不是自己出了什么问题，有什么改进的方法，而不能是简单地“敬而远之”了事。

如果遭遇职场冷暴力，职场新人要尝试沟通，变被动为主动。

对于职场新人来说，可能会因为个人或者他人的原因，总是无法融入到公司的正常人际圈子里去，经常被同事、领导忽视，集体活动常被遗忘，也无法融入其他人的圈子，或长期遭受讥讽、排挤，心理压抑、心情郁闷，还无法向人倾诉，甚至于影响到日常工作。相对于拳脚相向的“热暴力”，这种现象被称为职

场冷暴力。

刚刚进入职场的新人，可能会发现公司里的前辈总是给自己脸色看，明明一起搭档做事，可是前辈总是不把自己的意见和建议当回事，自己把一些新鲜的想法告诉前辈，前辈一脸的不屑，给新人着着实实地浇了一盆冷水，时间久了，再也不愿说出自己的想法。

这种现象在职场冷暴力中非常常见。在这种现象里，前辈就是冷暴力主动的一方，新人则成为被动的一方。冷暴力的源头源于老员工，他们对于新人有着两种态度，一个是新人没有经验，于是老员工抱着经验主义的思想，对新人视而不见，还有一种原因就是老员工的不自信，新人的势头总是很强劲，而且工作积极性更高，知识面也更为广泛，老员工害怕新人的风头盖过自己，因而开始用不合作、不理睬的方式向新人施暴。

如果不能正确应对，新人的挫败感会越来越强烈，工作的积极性下降。作为一名职场新人，受到前辈的冷落真的是心里很不是滋味，用句俗语就是“热脸贴人家冷屁股”的感觉，实在是不好受。有些新人可能想着，既然你是这样，我就和你对着干，可是这样根本就解决不了问题，只会不停地较劲。如果，职场新人能够尝试沟通，变被动为主动，积极请教老员工，即使自己知道的一些小问题我也会假装不知道，并且认真做好每一个细节，让前辈看到自己的价值。这样，前辈的态度就会逐渐发生转变，也会开始放低姿态，双方的合作也会越来越好，工作效率得以提高。

职场新人也可能会遭遇上司的冷暴力。我们经常在网上看到这样的帖子，一名新人怀着对公司的感恩，认真努力地做好自己的工作，可是上司永远不满意，甚至不分青红皂白就对自己的工作进行指责，把自己的努力全盘否定；即使是做出了上司认可的工作，也无法得到一句赞扬的话，做好了是应该的，做不好就是大逆不道。时间长了，工作再没有了积极性和成就感，开始变得消极，甚至有了离职的打算。

职场新人应该明白一点，上司对于下属工作的不满意是出于公司整体利益出发，这个出发点没有任何问题，只是方法选择错了。上司不能不允许下属犯错，只是犯错的次数和程度要有一个底线，而在员工做出成绩时上司一定要鼓励员工，从欣赏员工的角度出发，将其优点最大化，而不是一味地挑错。员工在犯错后可以在适当的时间单独找他谈，问清失败的原因并给出建议和方法，这样员工才会对公司有归属感，更愿意倾尽全力为公司争取利益。

职场新人在遇到批评时也不要与上司产生对立心理，多做自我反省，也可以主动与领导沟通，说出自己的困惑，寻求帮助，这样能避免消极心理的产生。与上司进行积极的沟通，才能了解了上司的难处，站在不同的位置思考问题会发生很大的变化，相互的理解和宽容在上下级之间很适用。不管是老板还是员工，找到“为了公司利益”这一共同点，就是找到了破解彼此

冷暴力的一把钥匙。

遇到“领导喜欢，同事疏远”的局面，最应该避免的就是任由事态的发展，这样下去，即使你工作出色，领导也会认为你没有合作精神，这时应主动出击，并且有足够的耐性，在其他同事工作需要帮助时，保持低姿态，伸出援手。

与遭到上司的冷遇相反，一些职场新人很受领导的喜欢，然而却会出现领导越喜欢，同事越隔离的尴尬情况。在职场中，很多被领导重视的同事往往成为众矢之的，其他的同事想方设法地隔离他，不仅工作不和他配合，即使是休息时，其他人聊得热火朝天偏偏连插话的机会都不给他，平时见了面更是理都不理他。

在职场上，其实每个人的潜意识都是希望得到领导的重视与欣赏，只是不幸的是，被领导重视的总是有限的几个人，因此，嫉妒心理就会在其他人心中滋长，而这些同样不被重视的人，就开始形成小团体，主动孤立受宠的人。

如果职场新人遇到这种情况，最应该避免的就是任由事态的发展，这样下去，即使你工作出色，领导也会认为你没有合作精神，所以，一定要先接受被孤立这一事实，然后主动出击，并且有足够的耐性，在其他同事工作需要帮助时，保持低姿态，伸出援手。另外，也可以利用领导对自己的垂青，适当地夸赞同事。尤其是当领导当着同事的面夸奖自己的工作时，不妨随即将同事的功劳一并报告给领导，甚至将自己取得的成就归功于同事的协助，这样就会既给领导面子，也让同事和自己一起受到褒奖，就不会出现同事排挤自己的情况，拉近了彼此心灵的距离。

当然，职场新人能够受到领导的喜欢，一定是有一些过人之处的地方，因此不妨进行总结，与同事共同分享这些经验，久而久之，同事也就愿意与自己合作了。

开始建立职场人脉

建立人脉很重要，但职场新人还是应着重于提高自己的能力。利用工作途径，把工作中认识的人变成你的人脉。

斯坦福研究中心曾经发表一份调查报告，结论指出：一个人赚的钱，12.5%来自知识，87.5%来自关系。一家著名的求职网站也做过一个调查，许多人都是靠人脉求职成功的。人脉有时会给职场人士带来很大的帮助。

有句话叫做“30 岁以前靠能力，30 岁以后靠人脉”。为什么有一个 30 岁的槛呢？原因在于积累人脉消耗是非常大的，无论时间精力金钱，职场新人最重要的还是提升自己的实力，有实力才能建立起有用的人脉，所以菜鸟还是要把时间花在自己身

上，多练内功。

至于人脉的积累，也不能一点不去做，不然几年下来，不知道如何与人打交道了，那对于你的职业生涯很不利。

积累人脉要慢慢来，这种事特别考验你的情商，急是急不来的。

职场菜鸟由于实力不够，出去也常常说不起话，建立人脉有一定难度。这时不应该有太多选择性，不管是大人脉还是小人脉，所有的人脉都储存维护起来。

最简单的一个办法，和工作中认识的人多交流，变成自己的人脉。

建立人脉的几个途径。

熟人介绍

熟人介绍加快了与人信任的速度，提高了合作成功的概率，降低了交往成本，确实是一种人脉资源积累的捷径。前程无忧网曾经做过“最有效的求职途径”调查，其中“熟人介绍”被列为第二大有效方法。

工作途径

跟老板出去见客户，拿到四五张名片，但没用，你很难跳过老板与客户进行事后交流。但如果项目谈成，老板通常不会自己跟进，这时，就是与客户建立关系的最佳时机。

项目结束后，当然不适合再与客户交往，但你可以以推荐人的身份出现："朋友有个项目，我觉得你们比较合适，是不是找个时间聊聊？"既帮朋友拓宽了选择面，又替客户搭上了线，不就是为人脉加了一剂润滑油？

通过网络

网友建立了许多"小圈子"，有人讨论IT技术，有人搞摄影登山。你在网下不敢和人多说话，在网上总没有障碍了吧？

现下网络上有好几个专业的商务人脉网站，如果有兴趣，可以去看看。

社交活动

在平常，太过主动接近陌生人时，容易引起对方的反感，会遭到拒绝，但是通过参与社交活动，人与人的交往将更加顺利，能在自然状态下与他人建立互动关系，扩展自己的人脉网络。而且人与人的交往，在自然的情况下发生往往有助于建立情感和信任。如果参加某个社团组织，最好能谋到一个组织者的角色，理事长、会长、秘书长更好，这样就得到了一个服务他人的机会，在为他人服务的过程中，自然就增加了与他人联系、交流、了解的时间，人脉之路也就在自然而然中不断延伸。

处处留心皆人脉

要善于学会把握机会，抓住一切机会去培育人脉资源与关系。参加婚宴，你可以提早到现场，那是认识更多陌生人的机会；参加活动，要多与他人交换名片，利用休会的间隙多聊聊；在外出旅行过程中，善于主动与他人沟通等。

如何经营人脉？最重要的是必须具备“自信与沟通能力”。

提升人脉竞争力的守则还有：守信、被利用的价值、多曝光、分享、创意与细心、助人、好奇心。

要积累人脉，提升自己的人脉竞争力有许多技巧，但最重要的是必须具备“自信与沟通能力”。一个没有自信的人，总是怕被拒绝，因此不愿主动走出去与人交往，更不用说要拓展人脉了。

在鸡尾酒会或婚宴场合，西方人出发前都会先吃点东西，并提早到现场。因为那是他们认识更多陌生人的机会。但是，在华人社会里，大家对这种场合都有些害羞，不但会迟到，还尽力找认识的人交谈，甚至好朋友约好坐一桌，以免碰到陌生人。因此，尽管许多机会就在你身边，但我们总是平白让它流失。

其次是沟通能力，这其实就是了解别人的能力，包括了解别人的需要、渴望、能力与动机，并给予适当的反应。如何了解？倾听是了解别人最妙的方式。

高阳描述“红顶商人”胡雪岩时，就曾经这样写：“其实胡雪岩的手腕也很简单，胡雪岩会说话，更会听话，不管那人是如何言语无味，他都能一本正经，两眼注视，仿佛听得极感兴味似的。同时，他也真的是在听，紧要关头补充一两语，引申一两义，使得滔滔不绝者，有莫逆于心之快，自然觉得投机而成至交。”

建立了自信与沟通能力以后，提升人脉竞争力的守则还有：守信、被利用的价值、多曝光、分享、创意与细心、助人、好奇心。

1.建立守信用的形象

一位资深职场人士在接受记者访问过程中,当被问到"专业与人际关系到底哪一个比较重要"时,他沉思了许久回答:"没有专业,你的人际关系都是空的。但是,在专业里,有一条是最难的,就是信任,而这也是人际关系的基石。"

2.增加自己被利用的价值

"自己是个半调子,哪里来的朋友?"《胡雪岩》里的这句话,相当贴切地描写了拓展人脉的秘诀。柯达原副总裁、北亚区主席兼总裁叶莺在中国具有很广泛的人脉资源,从柯达离职后加入主营水处理、能源业务的美国纳尔科公司,负责打通纳尔科与中国政府及国企之间的关系。她的座右铭是:不断创造被利用的价值。

3.乐于与别人分享

不管是信息、金钱利益或工作机会,懂得分享的人,最终往往可以获得更多,因为,朋友愿意与他在一起,机会也就越多。

4.多些创意与细心

一位经理为了争取与老板碰面的机会,每天都观察老板上洗手间的时间,自己选择在那时去上洗手间,增加互动。这类创意或许比那种有事无事的打电话联系要好得多。

5.把握每一个帮助别人的机会

不管他人的职位高低,总是尽量帮助别人,让大家知道:"有

事找他就对了。”

6.保持好奇心

一个只关心自己，对别人、对外界没有好奇心的人，即使再好的机会出现，也会与机会擦身而过。

你是否功利心太强，你是否太刻意为之？人脉的正面价值和作用是不可否认的，但人们往往对它使用过度，以至于出现扭曲。

博恩·思希是位社会学家，主要研究人脉学。他有一套著名的理论——1:25裂变定律。即，你如果认识一个人，那么通过他，你就有可能再认识25人。这套理论曾被西方商界广泛采用。后来，这一理论又被引入到成功学领域，成了事业成功的黄金定律。

人脉真的那么重要吗？2004年7月，博恩·思希到中国访问，回国后，他忽然对自己的人脉理论产生了怀疑。在中国做访问学者期间，有人送给他一本书——《中国历代帝王传》。在阅读这本书的过程中，他对中国帝王的死法产生了兴趣。他发现中国帝王的死法有16种，依次为：臣杀、兄弟互杀、宦官杀、子杀、叔杀、父杀、外公杀、岳父杀、兵杀、俘杀、自杀、病杀、母杀、妻杀、祖母杀、寿终。在这16种死法中，中国的皇帝有一半以上的是被自己身边的人害死的。同时，他还发现，欧洲及亚洲其他国家的帝王在死亡的形式上，也与中国帝王类似。

皇帝是最具人脉的人，可是他们为什么大多是非正常死亡？博恩·思希经过反思，认为人脉学存在“二律背反”。也就是说，运用哲学的辩证分析，就会找到人脉理论的谬误之处。至于谬误何在，他没有明说。

无论你的产业有多大，人脉有多广，能真正给你爱和你真正能爱的，也就是身边那几个人。这是人们积累人脉时应该思考的一个问题。职场新人在试着积累人脉时也要有一点反思，你是否功利心太强，你是否太刻意为之？人脉的正面价值和作用是不可否认的，但人们往往对它使用过度，以至于出现扭曲，这正是需要职场人反思的地方。

第四章 菜鸟进阶三：打造工作能手

到这一步，很多细节的东西就出来了，需要靠自己的悟性去把握。

比如抓住工作重点，一群职场菜鸟中，所有人都知道重点和难点在什么地方，开会时上司不断强调，平常也有告诫，但真正干起事来，往往只有少数人知道轻重缓急，知道在什么地方用劲、什么地方一笔带过，还有一部分人虽然看起来成天不闲着，却总是不知道干些什么，最后拿出来的成绩不如人意。这说明，知道重点在什么地方，并把精力放在攻克重点上，并不是一件容易的事，知道并做到的人，才是真正上位的人。

还有一件事需要职场菜鸟特别警惕。眼下的职场新人有段自嘲的话：我们小学毕业非典了，我们初中毕业禽流感了，我们高中毕业甲流了，我们大学毕业……2012 了。不要紧，这些你都挺过去了,跟职场拖延症比起来不算什么,这才是要命的大事。一个职场菜鸟要随时提醒自己,不要虚度,不要拖延。

时间管理不仅是节约时间或者列一个详细的日程表那样简单,它要求结合自己工作特点进行有机的安排,只有对自己工作认识到一定程度,才能做好时间管理。更进一步,它是从工作方法上升到生命体悟,真正抓住了工作重点,因为时间是最宝贵的资源。时间管理是你在职场这个游戏中得到的一把"时光之剑",它的力量是很玄妙的,"玩"得好,你的能量和等级就会嗖嗖地往上涨。当职场菜鸟意识到时间管理问题时,意味着工作方法的一次升华。

培养工作能力

所谓工作能力,就是指一个人是否有合适的能力担任一个职位。刚入职的新人,要注意培养 5 项基本工作能力,积极学习、学习方法、有效的口头沟通、积极聆听、理解他人。

新人应特别注重沟通能力,如果你欠缺这一能力,那么尽快弥补这一弱点,就能成为受公司青睐的好员工。

需要明白的是,工作能力是一个复合体,不仅仅指你的专业技能。工作能力包括综合运用专业的技能、职业操守、沟通能

力、协调能力，以及具有责任心和认真细心的态度。职场新人在专业技能方面有待进一步学习，但一些基本的工作能力应该具备，它们是：积极学习、学习方法、有效的口头沟通、积极聆听、理解他人。

这些基本工作能力应该在大学毕业时就已具备，不过从目前状况看，很多大学生在毕业离校时这几个方面还达不到工作要求。在这些基本工作能力中，多数是需要自己去把握，但口头沟通能力如何，大家都看得见，所以很多职场新人的软肋就在于口头沟通能力。

能够有效沟通，意味着能够清楚而有说服力地传递信息、想法以及观点。钢铁大王施瓦布说，他愿意付给有演说和表达能力的人较多的报酬。在人们面前清楚地说明一个构想，并说服对方接受或赞成这一构想，是一种杰出的能力。这一能力是做好工作的基础，更是提高自己绩效的保证。如果你具有高超的沟通技能，而且能通过书面和口头语言有效地影响别人，那么就可以很容易地获得主管的青睐。

好的员工都具有好的沟通能力。他们不论在语言沟通还是书面报告中，总能清楚地表达自己的想法和观点，总能清楚地向下属传达公司的决策，没有任何异议，也没有任何模棱两可的地方。良好的沟通能力保证了他所在的团队拥有明确的行动目标，具备快捷的反应能力和灵活性，从而保证了高绩效。

如果你欠缺这一能力，那么尽快弥补这一弱点就能成为受公司青睐的好员工。值得注意的是，在评价自己的协调沟通能力时，一定要从整体的角度来考虑。有的人可能不善于在大众面前演讲，却擅长与人谈话；有的人可能不善于写文章，却擅长分析评价别人的文章。这样的人只要补齐相应欠缺的部分就可以了。至于那些不论口头或书面沟通都不擅长的人，加入一个高质量的学习班，全面学习沟通协调能力，往往可以尽快获得提高。

另外，很多人往往把协调沟通能力等同于人缘好，等同于人际关系能力，这是不对的。人际关系能力是指尊重他人，理解他人。人际关系能力更倾向于强调人的质量和魅力，而沟通协调能力则倾向于人的沟通技巧；衡量前者的标准是他的朋友有多少，而衡量后者则在于他能否清楚明确地表达自己的观点和意志。所以，有很多朋友、人际关系能力强的人，沟通能力不一定强，如果在此方面有所欠缺，也应该有针对性的进行加强和提高。

一个人的工作能力是逐步发展起来的，从弱到强，从低到高。如果我们把工作能力划分为下面所列的三个等级，职场新人的目标，就是在几年内上升到第三等级。

工作能力的培养第一等，也是最低的一等。这一等应该具备：

1.学习能力

每个人在工作的不同阶段，都会遇到掌握的知识不足以解

决所需解决的问题的时候，这就需要迅速地找出需要补习的知识，迅速地掌握。这是一个最基本的能力。这个能力应该是在大学培养出来的，最迟在工作一年以后已经熟练掌握。

2.将知识与问题联系起来的能力

学习了知识就是为了解决问题的，如果只会背书，不知道如何运用，等于没学。有个笑话说，一个小学生会10以内的加法，问他3个橘子加5个橘子会做，但是3个苹果加5个苹果就不会了，说的就是这种情况。这个能力应该在工作一至两年后培养出来。

工作能力的培养第二等，除了具备第一等的能力外，还应该具备：

1.举一反三的能力

具备这个能力，可以使你能够解决的问题的范围迅速扩大，同样是在工作一至两年中培养出来的，任何时候，接到新的工作都想一下与过去做过的工作有什么类似的地方，能不能如法炮制，就会在不知不觉中提高了。

2.迅速抓住重点的能力

具备这个能力，就不至于在细枝末节的问题上纠缠不清，这也是进入职场高阶的基本能力。这也是在工作一至两年中培养出来的。

工作能力的培养第三等还需具备：

1.综合能力，从若干种不同说法中总结出一种可能正确的

意见的能力

为什么说可能正确,因为事情有难度,我们可能离正确的地方还有距离,这时做出的决定还不一定正确。拥有这个能力恐怕要工作五年以上,在过去的工作中不断地加以总结,而且需要许多额外的知识来支撑。

2.指导能力,可以对某些事情提出指导性的意见的能力

这里说的指导性意见,是指具体解决问题的思路,而不是泛泛而谈的不着边际的演讲。具备了这个能力,就可以向管理人员的岗位迈进了。

不要把经历等同于能力,走出校园后要重新开始,在工作中耐心打造一份能力。

现在有一种倾向,过于强调经历和社会实践,菜鸟也常为自己经历不足而自卑。特别是求职的大学生,最怕自己被人看成经历不够,拼命包装自己,求职简历已经不是简历了,"曾做过食品促销"、"做过家教"、"曾发过传单"、"卖过电话卡", 写这么多,是否用人单位就对你另眼看待呢? 不会,他们只是认为这是接触一下社会,应该去体验一下,至于能否形成能力,那就不一定了。另一方面,你一天到晚去发宣传单、卖电话卡,你还学习吗? 那些充分利用大学良好的学习环境抓紧时间学习的人,一旦走出校园,可能更迅速地培养出工作能力。

经历只能代表你的过去,是过去你所做事情的综合;而能

力则是在你的经历中所形成的独特的核心优势。每个人都有过去的经历，但并不是每个人都会在此形成能力。其原因要么是你没有做相对专注的事情，分散的实践事件难以在一个领域专一发展；要么是在所做的事情中没有去培养核心能力的意识。职场新人如果觉得自己的经历很“苍白”，无需自卑，你完全可以在职场上培养自己的工作能力；如果你以往的经历很丰富，更不要骄傲，因为它能为你的工作能力增加多大能量，还很难说。重要的是立足现在的位置，耐心打造一份能力。

有底线无上限，尽力发挥自己。

有这样一个著名的跳蚤实验：工作人员将一群跳蚤放在一个容器中，容器的高度可以让跳蚤很轻松地跳出。

然后，工作人员将容器顶端盖上盖子，跳蚤每次用力跳跃的时候，就会撞到盖子上，发出砰砰的声音。

渐渐地，砰砰的声音越来越少，最后，所有的跳蚤都不会跳到碰到盖子的高度。甚至，当工作人员将盖子拿开，跳蚤也无法跃出。

这是为什么呢？因为跳蚤给自己设了上限，它们怕碰到盖子。

新人要为自己设立底线，哪些事情是自己一定不要去做的，但在事业的高度和能力的发挥上，不要事先限定自己。当你感到工作难度太大，甚至想要放弃的时候，你是否意识到你可能是实验中的跳蚤？不要被自己的成见束缚，不要被路途上的障碍击倒，试着再努力一下，一点点朝目标迈进，也许你会欣喜地发现成功就在眼前，你会看到一个全新的自我。

做事要抓住重点

明白什么是重要的事情，是一件很重要的事。

有一位表演大师上场前，他的徒弟告诉他鞋带松了。大师点头致谢，蹲下来将鞋带仔细系好。

等到徒弟转身后，大师又蹲下来将鞋带解松。有个旁观者看到了这一幕，不解地问："大师，您为什么又要将鞋带解松呢？"大师回答道："因为我饰演的是一位劳累的旅者，长途跋涉让他的鞋带松开，可以通过这个细节表现他的劳累憔悴。""那您为什么不直接告诉您的徒弟呢？""他能细心地发现我的鞋带松了，并且热心地告诉我，我一定要保护他这种热情的积极性，及时地给他鼓励，至于为什么要将鞋带解开，将来会有更多的机会教他表演，可以下一次再说啊。"

不愧是大师，他知道什么是最重要的，他要保护徒弟身上正面的、积极的东西。在这个细节中，徒弟有正确的一面，鞋带松了肯定要系好；也有失误的一面，系好的鞋带反而不适合剧

情。这时候大师只能做一件事，既可以认同徒弟的正确一面，也可以指出他错误的一面——他选择了保护徒弟的热情，他觉得这才是最重要的。

上面这个例子说明，明白什么是重点很重要，而且不是一件容易的事，有经验有悟性的人才能做到这一点。在工作中能抓住重点的人，即便不是大师，也算个人才。

在职场中，我们很多时候都要面对千头万绪的工作，如果没有剥茧抽丝、善抓重点的能力，很可能就会被琐碎的工作所淹没，大事完不成，小事做不完，把自己置于非常被动的境地。

分清事情的轻重缓急，先做最重要的事情。在最重要的事情上投入最大的精力。

对于在工作中不能抓住重点，分不清主次轻重的人，人们常常用“捡了芝麻，丢了西瓜”这样的话来形容。我们来看这样一则例子：

小王因为工作勤奋、认真负责而被任命为一家连锁门店店长。走马上任后，他仍旧坚持一贯的工作作风，事必躬亲，兢兢业业，整日埋头于日常的琐碎事务中。他生性优柔寡断，遇事总是掂量来掂量去，想出若干结果，生怕引人不快。对一些重要又不太懂的事，他总是采取逃避的态度，非拖到不能再拖的时候，才动手去处理，结果却因时间仓促，常常草草了事。

就这样过去了几个月，虽然他觉得自己已经非常努力了，但每天还是有做不完的工作，处理不完的事务，成绩也不尽如人意。

因为小王的笔杆子过硬，有次老总安排了一项制度建设的工作给他，让他起草公司的人力资源管理制度。老总给了半个月的期限，希望他能认真准备一下，同时还为他准备了一些人力资源工具书。

小王觉得半个月的时间尚早，就没太在意，仍按部就班处理日常琐事：每天到药店点名，守在药店处理各种纠纷，就连业务谈判、客户回访这些应该由下属去完成的事情，小王也亲自过问，每天都像陀螺一样高速旋转。半个月后的一天，老总忽然打电话催要人力资源管理制度，小王才忽然想起来，这么重要的事情居然让自己给忘了。于是他打算晚上加班完成。可谁知这天正好是月底，盘点库存至深夜小王才回到家中，挑灯夜战，一直熬到第二天早上才算完成。

第二天，老总拿着小王起草的文件，一边看一边不停地摇头。很快，小王就被调离了店长岗位，到一个不冷不热的岗位任职。原本是一次展示才华的机会，就这样被小王错过了。

在职场中，我们很多时候都要面对千头万绪的工作，如果没有剥茧抽丝、善抓重点的能力，很可能就会被琐碎的工作所淹没，大事完不成，小事做不完，把自己置于非常被动的境地。小王的事例，就是一个很好的说明。

那么，作为一个职场菜鸟，怎样才能在工作中抓住重点呢？

首先，要分清工作的缓急程度，先做重要的事情。

一般来讲，一个公司的大小事务相当多，作为员工，既要有全局意识，能够统观全局，全盘规划；又要能厘清自己手头工作的头绪，把握各件事务之间的联系，分清各项具体事务的轻重缓急，从而先解决那些必须前置的工作。在上面的案例中，老总安排的制度建设工作就是一项前置性工作，必须提前完成才能保证下一步工作的开展。但小王没有这样做，最终不得不草草了事。

你不妨把要做的事情列一个清单，每天上班时看一下，先做那些既重要又时间紧迫的事情，接着做那些你认为重要，但时间不紧迫的事情。最后去做时间紧迫但不重要的事情。

其次，要明确自己在工作中的用力程度，在最重要的事情上投入最大的精力。

工作没有重点，就必定会眉毛胡子一把抓。这样的员工在工作中往往表现得极其矛盾：有时过于细心，一头扎进某件具体工作中不能自拔，攻其一点，不及其余。因而往往顾此失彼，甚至因小失大。有时又过于粗略，做什么都漫不经心，蜻蜓点水。这些情况都是工作中的大忌，对于一个职场菜鸟来说要尤为注意。

其实并非所有的工作都需要做到完美，聪明的职场人士早就知道“80/20 理论”，即工作中 20%的事情占据 80%的重要性。因此，明白了这一点，就可以把 80%的精力用在那重要的 20%事情上，将它们尽量做好，而用剩下 20%的时间和精力来做那 80%的重要性较低的工作。要避免平均用力。

职场菜鸟能否抓住重点与领导也有很大关系，如果遇到“指派型”或“保姆型”领导，菜鸟就得自己多努力。

能否抓住重点常常是职场菜鸟能否生存下去的重要能力，菜鸟们需要关注公司对自己抓住重点是否形成帮助。一些公司关注的是结果，而不是过程。领导是“指派型”，只是要求你完成任务，对于员工如何开展工作完成任务并没有太多思考，很难对员工形成有效的支持和指导，这时一些有思维、有能力、有经验的员工可能会快速地理清思路，找到重点，去开展工作，另外一些员工尤其是菜鸟们，无法理清工作思路，只有在黑暗中盲目摸索前进，以至于感到茫然，不知该走向何处。

还有一种情况是过分关注过程，领导已经把所有该考虑的、该做的事情都交代给员工了，不需员工自由发挥，只要按照领导的意图开展工作即可，对于哪些是关键因素，领导多泛泛而谈，员工也很茫然。导致员工没有自我思想、没有创新思维、只能按部就班地去开展工作，在没有工作思路时就会出现等、靠领导的现象，或者在一个部门里出现一个个性突出的“领导风格”，而无法有效吸取新鲜的血液和思想。长此以往员工就会丧失积极性、主动性，滋生惰性，这就是“保姆型”领导。其实这种情况比第一种情况更可怕，可怕之处在于，本身是一个还不错的员工，在这种环境的影响下，能力退化，当遇到有挑战性的工作时，抓不住重点，表现出茫然不知所措，最后事情办不好，绩效上不去。

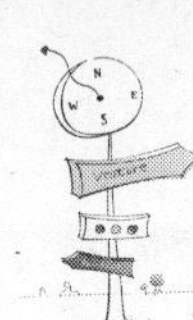

遇到这种“指派型”或“保姆型”领导，菜鸟就得多个心眼，自己多努把力，在乱如麻的事物中找到重点，砍杀出一条路来。

抓重点的原则是：让你去安排工作，而不是工作安排你。

前面案例中的小王事无巨细，事必躬亲，结果造成了所有无关紧要的工作都找上门来，使之疲于应付。如果小王自己能够主动去安排工作，把那些诸如纠纷处理、业务谈判、客户回访等琐碎工作安排给下属去做，则完全可以把自己从纷繁的工作中解脱出来，集中精力去解决那些重要的、紧急的工作，效果就会有成效得多。

对于重要的工作、困难的工作，要早作准备，要克服思想上的畏难情绪。你问自己一个问题，这件事我能躲得过去吗？即便这件事躲过去，是不是以后永远逃避下去呢？如果不能，你就打起精神，开始着手这件事吧。把时间和精力向这件事倾斜，没过多久，你也许会发现轻松了许多。

另外，抓重点并不意味着放弃细节。抓重点和注重细节是两回事，细节是无处不在的，你只要干这件事，就要注意它的细节。即便你干一件小事，也要注意细节，不能因为它不是重点就胡乱处理，那样就容易出大事。

每天完成一项重要的事情。

很多时候，你在一天结束时发现自己什么事情都没有完成，就是你清单上那些重要的项目一个也不能划去。但你并不清闲，反而像救火一样整天都在忙着，最后一事无成，这样的情形让人沮丧。

每天至少做一件重要的事情，不做完不放弃。有时这件事没有在清单上列出来，但它真的是很重要的事，那就尽力去完成它。如果你有机会和一个客户在一起，或者老板让你去支援另一个忙不过来的团队，那就赶紧去做吧。

当一个工作日结束时，你完成了一件事，这会让你有成就感，你要让每个工作日都产生这种成就感。

找到自己的工作方法

多想想工作中会出现的问题，不打无准备之仗。

还记得你面试的经历吗？一定做了很多准备工作，最后你成功了，进入了公司。成功的原因是多方面的，也许你的潜力被看中了，也许你临场发挥不错，但有一点是肯定的，你的准备工作一定做得不错。不打无准备之仗，是战场上的原则，也是职场上的原则，面试时要准备，工作时也要准备，准备充分的人，才会在工作上克服难关，左右逢源，最后漂亮地完成任务。

有些员工完成任务总是显得艰难，要说他不笨，责任似乎

都在别人身上，大家可以经常听到他抱怨说这个突然出故障，那个突然不能用，这个资源没到位，那个人员有变动，而条件不满足他就没法做事。最后弄得好像大家都欠他似的。

究其原因，是他的准备工作不足，或者说根本没有准备工作。接到什么任务就开始干，碰到什么问题了就推，假如每件事情都顺利，他当然能完成任务，可是世界上任何一件事都会碰上大大小小的问题，这些问题事先都应该有所预料，作好准备，问题出来后就快速想办法解决，由于他没有准备，就好像世界上的一切都在和他作对。显然，是他的错。

做事前要多做准备，多想几个预案。多想想这件事可能会遇到什么问题，哪些事是自己无法解决的，如果无法解决就向领导请示，以免拖延进度。

事情每完成一个阶段，就想想下一阶段会有什么问题，多作些准备工作，不要到时"灵机一动"，那样的效果绝不如深思熟虑。

将工作流程化规范化，将大大提高工作效率。

一位职业经理人发现，公司里一些新来的员工成长特别快，往往经历一两个项目后，技术水平和效率就赶上甚至超过了一些有多年工作经验的老员工。而确实存在一些老员工，工作了很多年，仍然效率低，而且还常常犯错误。

于是，他就留心观察和分析，那些成长快速的员工与那些

“老油条”员工究竟有什么不同？

他发现，那些老员工虽然工作了很多年，工作起来随意性仍然比较强，工作过程中随机问题表现明显，各个环节之间衔接空隙大，造成有的时候忙得四脚朝天，有的时候闲得百无聊赖。

而那些成长快的新员工则将每次遇到的工作加以分析总结，将工作处理的过程进行记录，然后将工作规范化，流程化。

这样，他们通过自己的经验总结出一套成功处理问题的流程，如果以后再遇到同类问题，只要重复这些流程就可以了。这正应验了世界最伟大的推销员乔·吉拉德所说的“成功就是简单的事情重复做”。

而事情本身并不那么简单，只是他们熟悉了事物，再加以分析，找到一个规范化、流程化的处理方法，所以看起来就“简单”。

我们前面也提到过，职场新人应该有流程意识，要观察公司的工作流程，然后形成自己的工作流程。你可以把一个十分复杂的任务尽量合理拆分成自己熟悉的模块，运用自己的流程开始工作，合起来就可以圆满地完成一个看似很复杂的任务。

如果开始一件新工作，你可以在纸上推演整个工作流程，然后边边执行边修正，将失败和成功的经验记录下来，不断完善整个流程。如果以前处理过类似的工作，你就会找出最相似的流程作为参考，依据具体情况调整。如果完全是以前做过的

工作，你就将以前成功的流程复制一次。

规范化和流程化的工作避免了随意性，避免随机问题的产生机率，大大提高了工作效率，而且，可以依据规范的流程准确估计工作的强度和工作量，便于统筹规划，不至于“忙时四脚朝天，闲时百无聊赖”。

因此，工作规范化流程化可以减少随机问题，快速提升我们处理问题的能力，轻松复制以往的成功。

将任务划分为明确的目标，一步步去完成。

职场新人经常会在工作中遇到很多费力不讨好的问题，做了很多工作，投入了很多的时间、精力，最后工作成果不被认同。原因何在呢？

因为他没有明确工作的任务，或者说，没有足够的明确。

只有明确工作任务，为自己的工作树立目标，才能做到有的放矢。

当你给自己定下清晰的目标之后，目标就在两个方面起作用：目标是努力的依据，也是对你的鞭策。目标给了你一个看得见的射击靶。随着你努力实现这些目标，你就会有成就感。

当你接到一个任务时，这个任务常常是笼统的，不清晰的，你要自己将这些模糊的影像划分为一个一个具体的、清晰的、可实现的标靶。

如果你不做这项分解工作，就会有一种“不识庐山真面目，只缘身在此山中”的感觉，会感到茫然，无从下手。当你将一个大任务分解开来，记录在纸上，你会立即发现工作的入口，知道自己下一步该干些什么，而且你也更清楚地看到了整个任务的结构，你心里开始变得踏实，知道随着工作一步步推进，这个“庞大的”任务最终将会顺利完成。

分解目标也有助于你安排轻重缓急。当你将任务划分为一个一个目标的时候，你就能更好地看清细节，分清任务所需要的资源投入。

分解目标有助于你避免忙而无所获的结局。如果你制定了目标，又定期检查工作进度，就能看到一个个工作成果，现在，你每天结束工作时能够以肯定的语气说到“今天又完成了一件事”，而不是疲惫而困惑地感慨“今天又忙了一天”。

你还能渐渐悟出如何用较少的时间、精力和资源来创造较多的价值，这会反过来引导我们更加高效。随着工作效率的提高，你对自己，对别人也会有更准确的看法。

将任务明确为具体的目标，就如同射击时明确标靶，只有明确标靶才可能击中靶心。

远离拖延症

每个人都有拖拉的时候，但一定不要让它发展下去，最后成为拖延症。

职场新人一定要拒绝拖延。

一位怀孕的年轻女士在丈夫的陪同下买回了一些颜色漂亮的毛线，她打算为自己腹中的孩子织一身最漂亮的毛衣毛裤。可是她却迟迟没有动手，有时想拿起那些毛线编织时，她会告诉自己："现在先看一会儿电视吧，等一会儿再织"，等到她说的"一会儿"过去之后，可能丈夫已经下班回家了。于是她又把这件事情拖到明天，原因是"要陪着丈夫聊聊天"。等到孩子快要出生了，那些毛线还像新买回的那样放在柜子里。丈夫因为心疼妻子，所以也并不催她。后来，婆婆看到那些毛线，告诉儿媳不如自己替她织吧，可是儿媳却表示一定要自己亲手织给孩子。不过她后来又改变了主意，想等孩子生下来之后再织，她还说："如果是女孩子，我就织一件漂亮的毛裙，如果是男孩就织毛衣毛裤，上面一定要有漂亮的卡通图案。"

孩子生下来了，是个漂亮的男孩。在初为人母的忙忙碌碌中孩子一天一天地渐渐长大。很快孩子就一岁了，可是他的毛衣毛裤还没有开始织。后来，这位年轻的母亲发现，当初买的毛线已经不够给孩子织一身衣服了，于是打算只给他织一件毛衣，不过打算归打算，动手的日子却被一拖再拖。

当孩子两岁时，毛衣还没有开始织。

当孩子三岁时，母亲想，也许那团毛线只够给孩子织一件毛背心了，可是毛背心始终没有织成。

渐渐地，这位母亲已经想不起来这些毛线了。

孩子开始上小学了，一天孩子在翻找东西时，发现了这些毛线。孩子说真好看，可惜毛线被虫子蛀蚀了，便问妈妈这些毛线是干什么用的。此时妈妈才又想起自己曾经憧憬的、漂亮的、带有卡通图案的花毛衣。

上面这位女士为自己的拖延行为找的种种借口，你是否曾经有过？你总是把事情拖到最后一刻才做吗？其实你也不是偷懒，只是想着动手却没动起来，而且还因此有点负罪感？你会不会常常暗下决心不再这样，但是却从未彻底改善？很可能这一习惯还没真的让你承担什么严重的后果，但是你的焦虑却周而复始，无法解除？

拖延行为尤其值得职场菜鸟警惕。这位女士耽误一身毛衣不要紧，职场上的拖延足以让你走向毁灭。

拖延症基本可以分三种类型：鼓励型、逃避型、决心型。不管你是逃避型还是决心型，只要拖延，就一定不是好事。

直到上级所交托的工作到了最后期限前，才开始挑灯夜战去完成；明知马上要交策划方案，却还在玩网络游戏、给博客贴照片、在各大论坛看帖子……直到最后一刻才不得不开始工作；白天本来可以完成的工作，一定要耗到晚上，甚至第二天早晨……

拖延，是困扰许多职场菜鸟的一种症状。

刘宁是西安某电子科技公司的一位新人，他的拖延工作的症状尤为严重，在家工作时，往往会先看网络小说，浏览网页，再玩玩游戏，直到最后一刻才不得不开始工作。

李伟是沈阳某广告公司文案策划员，大学毕业开始工作后，他几乎每天都比同事晚走一两个小时，但年终却没有得到领导的认同和赞扬。后来还屡屡因为未能按时完成任务而被领导批评。

张华是某报社的一位新编辑，为了表现自己，他在领导面前争取了很多任务，但到真正实施的时候，却一再拖沓，今天上午看一场体育比赛，明天下午又逛半天论坛，最终导致不能按时完成任务，出风头未遂反而挨了上级的批评。

一位心理学家定义了三种基本的拖拉者：

鼓励型，或者说找刺激型，他们盼着最后几分钟忙碌带来的快感。

逃避型，他们回避失败的恐惧，甚至害怕成功，但实际上他们非常关心别人怎么看自己，他们更希望别人觉得他不够努力而不是能力不足。

决心型，他们没法下决心。不下决心就可以回避对应对事情的拖拉。

也许你觉得自己的鼓励型拖延要比逃避型拖延更积极，更有改正的希望，甚至算不上缺点而是一种个人风格，那么你错了，拖延是一种病，拖延的结局是可怕的。

目前国外把拖延作为一种病症研究已有十多年历史，其英文名称是Pro-crastination。在豆瓣网上，"我们都是拖延症"的小组成员有一万多人，他们多是在职场上深受拖延症之害的人。不过你也别害怕，这并不意味着你有精神方面的疾病。事实上，心理学家还没有下决心把有拖延行为的人划归"病人"一类。但是，如果这种行为习惯已经影响了你的职场生活，甚至给你带了一些无法补救的后果，那么它和其他疾病似乎也并无本质上的不同。

大多数拖拉的人都在最后期限赶完了任务，并且没有受到严重的惩罚。但他们真正的痛苦，来自于因耽误而产生的持续的焦虑，来自于因最后时刻所完成项目质量之低劣而产生的负罪感，还来自于因失去人生中许多机会而产生的深深的悔恨。这种心理上的危害可以说对职场人带来了极大的生存威胁。

许多职场菜鸟之所以会出现拖延工作的状况，主要有以下几种心理原因：

1.得过且过。面对一些费神的工作或者自己不喜欢的任务，认为事情到了最后总会被解决，于是不到最后一刻绝对提不起精神来处理。

2.过分自信。有些新人有自信在压力下工作，认为自己如同弹簧一样，压得愈紧便会弹得愈高，到了最后关头时限，效率反而会大大提高。在这个过程中，他们常常能够体会到克服挑战的快感，享受最后关头效率和刺激，不过对其他同事来谈，就会产生工作上许多的不协调和误解。

3.害怕开始。这些人一般不够自信，常常因为害怕自己会做得不好，结果便迟迟不敢动手，而这种逃避的心理，往往令自己更容易产生挫败感，当别人开始催促，或者受到同事的质疑时，就更加不敢开始和继续拖延。

4.追求完美。有些人想精益求精，他们会尽心尽力做到最好，不惜一切代价追求质量上的完美，但会拖延至最后一分钟才开始动手，结果因为迟迟未行动而导致时间大大超过预期。

5.拖拉还常被用来逃避对成功的恐惧。对成功的恐惧，可能会以一种更为隐秘而危害更大的形式，即通过下意识的自我挫败行为表现出来。

大多数认为自己是拖拉者的人都在最后期限赶完了任务，并且没有受到严重的惩罚。

但他们真正的痛苦，来自于因耽误而产生的持续的焦虑，来自于因最后时刻所完成项目质量之低劣而产生的负罪感，还来自于因失去人生中许多机会而产生的深深的悔恨。这种心理上的危害可以说对职场人带来了极大的生存威胁。

如果你发现自己有拖延行为，一定要保持高度警惕，对这种行为拖延下去，会给你带来很大的危害。这里介绍几个对付拖延症的方法："任务管理"、"反向时间表"和"无日程表"。

"任务管理"，设定每天要完成的任务，或者一段时间内要完成的任务，一件件把它完成。

一些人觉得任务管理效果不大，原因有两个，一是你从来不会完整地完成一份任务清单，二是你往往在完成一个工作后，会再想到几个后续需要跟进的事，所以任务清单会越来越长，越来越多。如果有这些情况，你不妨作出一些改变，比如将任务清单写在纸上而不是放在电脑上；其次是谨慎选择任务清单上的项目，只写下那些你真正有时间去完成的工作，而且需要预留需要应付各种意外情况的时间；如果觉得完成任务清单有难度，从头开始浏览一遍，可以先选择你目前最喜欢做的事来做，但一定要从头开始逐一浏览，而不要随机挑选。

"反向时间表"，即从项目截止日开始倒过来安排要做的事。为每项任务安排截止日期。

比如你周五一早要向老板提交一份报告，这意味着漂亮的成稿必须在周四就得完成，周四你得把报告全部写完，还得读一遍，看看有什么漏洞，不然拿到老板那里被看出问题就麻烦

了；周三你得完成这篇报告的主体部分，不然拖到周四就说不清了；周二你得完成资料收集工作而且要开始写，不然这份报告很难完成；周一，你必须想清楚这份报告的大体结构、到哪去找资料，还得想清楚这份报告完成后大概是什么样子。这样回顾下来，你就知道每天的事情都不能拖延，否则后果严重。

“无日程表”，听起来很玄乎，其实关键是“不断开始”：

无日程表不是说不要日程表，而是指日程表上不安排时间，这样你随时都可考虑开始工作，并在结束后记录进日程表。只要开始就行，不刻意要求完成什么。但是只有30分钟以上无中断的时间才计入。

使用“无日程表”要注意的一些辅助规则是：

在完成一次30分钟以上的工作时间段后慰劳自己。

每天记录“真正的”工作时间，每周也记录工作时间。不过，一天的专心工作时间最好不超过5小时，一周不超过20小时。因为那种企图通过突击工作的行为完成任务的想法是拖延者常用的招数，他们虽然也能完成任务，但失去了节奏，并不能解决拖延症的问题。

一周有一天完全用来娱乐，这样做可以使你不至于太厌倦工作。

去娱乐和社交活动前，安排半小时以上工作。很多人都在这上面浪费了时间，其实娱乐前的准备工作不需要那么多。

不断“开始”，这是最重要的一点，只要眼前有30分钟以上的时间就开始吧。当你觉得无法坚持满 30 分钟时，多坚持 5~10 分钟。不要以失败告终。

拖延是行动的死敌，也是成功的死敌。

从现在开始，你要常常在脑海中萦绕一个念头：马上就去做。

对于一个职场菜鸟来说，怎样才能克服拖延的心理呢？

首先，要学会合理安排工作任务。可以通过把一件较大的工作分成许多小工作，从而有效地减轻工作的压力，使一切都在你的控制之中。从一小步开始，这是至今发现的最好的克服拖延的方法。

其次，向上级同事作出工作保证。在别人的监督下，会令自己产生出按时完成工作的动力。

再次，给予自己适度的压力。适度的压力能帮助更好地解决问题。善用你的自尊心，是给予压力的很好方式。你是一个什么样的人，首先要证明给自己看，才能证明给世界看。你可以为自己设定时间表及期限，要求自己提前完成工作，同时不断提醒自己必须严守承诺及纪律，享受提前完成工作的成就感。

最后，学会分析利弊，了解提前完成工作有甚么好处，拖延又有什么坏处，对比之下，自然有明确的选择。同时，承认拖延是一种无益的生活方式。

比尔·盖茨曾向他的员工谈起他的成功之道，他说："我发现，如果我要完成一件事情，我得立刻动手去做，空谈无济于

事！”

针对拖延，比尔·盖茨提出了下面这些对策：

1.做个主动的人。要勇于实践，做个真正在做事的人；不要做个不做事的人。

2.不要等到万事俱备以后才去做，永远没有绝对完美的事。预期将来一定有困难，一旦发生，就立刻解决。

3.创意本身不能带来成功，只有付诸实施时创意才有价值。

4.用行动来克服恐惧，同时增强你的自信。怕什么就去做什么，你的恐惧自然会立刻消失。

5.自己推动你的精神，不要坐等精神来推动你去做事。主动一点，自然会精神百倍。

6.时时想到“现在”、“明天”、“下礼拜”、“将来”之类的句子跟“永远不可能做到”意义相同，要变成“我现在就去做”的那种人。

7.立刻开始工作。不要把时间浪费在无谓的准备工作上，要立刻开始行动才好。

8.态度要主动积极，做一个改革者。要自告奋勇去改善现状；要自动担任义务工作，向大家证明你有成功的能力与雄心。

记住，拖延是一种病，从此告别拖延。

拖延使我们所有的美好理想变成真正的幻想，拖延令我们丢失今天而永远生活在“明天”的等待之中，拖延的恶性循环使我们养成懒惰的习性、犹豫矛盾的心态，这样就成为一个永远只知抱怨叹息的落伍者、失败者、潦倒者。

成功学创始人拿破仑·希尔说："生活如同一盘棋，你的对手是时间，假如你行动前犹豫不决，或拖延地行动，你将因时间过长而痛失这盘棋，你的对手是不容许你犹豫不决的！"

停止拖延，你就离成功更近了一步！

重视时间管理

时间管理不是小事，它的作用往往会超出你的想象。

管理自己的时间就是管理自己的职业生涯。

同样的学历背景，服务于同一家公司，但为何数年之后，有些人能平步青云，而有的人则始终原地踏步呢？除却个人的禀赋差异以及机遇等因素外，有研究表明，时间的管理及利用效率也成为决定性要素。

时间管理不是小事，它的作用往往会超出你的想象。道理很简单，这个世界上最重要的物质是什么？是时间。在"时间"、"金钱"、"知识"、"劳动"这些要素中，最有限也是最重要的因素是"时间"，你把这个"重要物质"利用好了，必然会得到很大回报。

一项国际调查表明：一个效率糟糕的人与一个高效的人工

作效率相差可达 10 倍以上。

时间管理的最大价值就是让你有充足的时间来解决那些急需解决的重要事务，而不被其他琐事干扰。按照管理大师德鲁克的理论，管理自己的时间就是管理自己的职业生涯。

对于职场菜鸟来说，必须管理好自己的时间，并将时间的效用发挥到最大。

因为时间管理，你可以对别人说“不”。因为时间管理，你还应该对自己说“不”。

认真地思考一下，哪些是自己“不必做的事”。

你可以对别人说“不”。不是因为其他原因，而是出于时间管理。

在华为公司，有针对每个员工进行一次时间管理培训的传统。培训时要求员工避免走进两大时间管理误区：一是工作缺乏计划；二是不会适时说“不”。

华为在时间管理培训中指出，大量的时间浪费来源于工作缺乏计划。比如没有考虑工作的可并行性，结果使并行的工作以串行的方式进行；没有考虑工作的后续性，结果工作做了一半，就发现有外部因素限制只能搁置；没有考虑对工作方法的选择，结果长期用低效率、高耗时的方法工作。

所谓不会适时说“不”，是指对自己没有把握做好的工作任务不会“推却”。首先是自己不能胜任请托的工作，不仅徒费时间，还会对自己其他工作造成障碍；同时，无论是工作延误还是效果无法达标，都会打乱请托人的时间安排，结果“双输”。这就是不会说“不”的结果，足见其危害性。

你还应该对自己说“不”。

时间管理的要旨是“有效利用时间”，而不是“滴水不漏地做事”，不是让你把时间安排得满满当当，马不停蹄地做事情，那样效果不一定好。

所以休息和运动也是时间管理的一部分。从长远的角度看，一个每天花半小时运动的人，比整天在办公室里埋头工作的人，时间的利用效率通常更高。一些时间虽然没有直接用于工作，却是一种时间投资，对工作有益。一些时间却是白白浪费掉了，时间管理的关键，就在于减少这种白白浪费的时间。

你先不考虑自己“需要做的事”，认真地思考一下，哪些是自己“不必做的事”。

很多新人喜欢聊天，和新朋老友在电脑上聊天、电话聊天、手机短信聊天，最后还要见面聊，聊多了就是浪费时间，慢慢减少吧。

上下班交通时间太长是一件让人头痛的事，解决办法要看具体情况，但有一点你要明白，时间就是金钱，进一步，时间比金钱更有价值，比如你租房子，你愿意多花 500 元租个近一点的房子，还是愿意在路上多花一个半小时？反正你如果每天把两三个小时扔在路上，那是相当可惜的。

犹豫不决也浪费时间。很多时候不是事情很难抉择，而是自己拖着不作决定，东晃西晃，什么事也干不了，理由是“我还没下决定”，实际上早该下决定了。

还有些人长时间做事，这该不是浪费时间了吧？事实上，他只是装出工作的样子，缓解内心的焦虑，效率并不高，泡在工作里不能解决事情，而是要把事情做好。

使用时间日记。买一只喜欢的手表。

对于职场新人来说，时间管理是块受益终生的珍宝，越早学到手越好。

职场新人最好的时间管理方式恐怕就是使用时间日记，你花了多少时间在做哪些事情，把它详细地记录下来，早上出门花了多少时间，搭车花了多少时间，出去拜访客户花了多少时间……把每天花的时间一一记录下来，你会清晰地发现浪费了哪些时间，设法减少非生产性工作的时间。

时间日记随时提醒你，不要浪费时间。而且你使用时间日记后，自己浪费的时间就像呈堂证供一样摆在你面前，你只能低头承认自己是懈怠了，你不会再轻易地原谅自己。

另外你可以通过时间日记找到自己的高效工作时段。每个人一天都有一个专注力高低变化的曲线，根据自己的专注力时间周期去适当分配一天要完成的工作，难度高的事务放在高效的时间段，反之则放在专注力低的时间段。

至于时间日记的工具，你可以使用纸笔，也可以用随身的手机上的记事本功能，还可以用电脑上的 Outlook 或专门的时间管理软件。

还有一个建议，买一只自己喜欢的手表。很多人觉得有了手机就不用戴手表，作为职场人，最好还是使用手表，不时掏出手机看时间，在有些场合是不礼貌的行为。戴上手表，抬腕看着指针的运转，你会感到时间正在冰冷地流逝，即便周围喧闹嘈杂，你也能感受到它的滴答声，因为时间是具有穿透力的物质，这时你知道，应该行动了。

时间管理对每个人来说都极其重要。管理好自己的时间对工作和事业都会产生巨大的影响。杰出的时间管理能力是能够把其他方面的天赋和能力不相上下的人区分开来的首要因素，是一些人在事业上比其他人更有可能成功的基石。

有效的时间管理可以帮助职场新人高效地工作，从而创造出卓越的成绩。对于职场新人来说，时间管理是块受益终生的珍宝，越早学到手越好。

几个提高工作效率的方法。

有些新人给人的感觉是天天忙碌，但似乎没有任何成果，工作总是裹足不前。除了能力还有待提高外，工作效率低是一个原因。怎么提高工作效率呢？这个很大程度上还是要靠个人体会，思考自己在工作中存在的降低工作效率的行为，然后去

改进它。

下面介绍几个提高工作效率的方法，供你参考：

1.列出工作计划，记录自己完成的进度

工作计划必不可少！这种计划并不是为了向领导汇报，也不是为了给自己增加压力，而是为了让你记住有哪些事情需要去做，让自己做事更有条理，更高效率。

首先，在每周的开始列出本周的计划。除非有严格时间限制的任务，无需设定每项任务的进行时间，也没有必要详细去说明任务的内容。你只需要一些提示，让你不会忘记本周要做的工作。

然后每天早上列出时间表，从周计划中选择出当天想做的事，并安排具体时间去完成；列出所有需要打的电话，和每个电话的内容。这张时间表应该随时在你身边，一抬眼就能看到，它像一个忠实的助手，随时告诉你下一步工作的内容！

最后进行工作计划的总结。不要搞得太复杂，太隆重，方法很简单，用笔把你做完的事从周计划和日时间表中划去！相信那一刻你会有成就感。

你一定要明白，制订计划的目的不是给你施加压力，而是给你一个有序的、有准备的工作安排。因此，不要为未完成预定的任务而懊恼，而是记住这些任务，并且尽快安排去进行！

2.安排好随时可进行的备用任务，以不浪费你的时间

我们常常会遇到这样的情况：需要打开或下载某个网站内

容,连网速度却慢得像爬虫;离预定好的约会还有半个钟头的空余时间;焦急地等待某人,却不知道他什么时候会到来;心情不好或情绪不高,不想做任何需要投入精力的工作;所有任务都已完成,而下班的时间还未到来。

通常人们遇到这些情况时,或者百无聊赖地等待,或者随便拿起一项工作来做,结果是工作效率极其低下。对待这样的空白时间最好的方法是:预先准备备用的任务,利用这样的时间去做,但不刻意要求自己完成!备用任务的特点是:不需要耗费大量的脑力去思考;随时可以开始,随时可以中断,并且下次可以继续进行。比如:浏览报刊杂志,查找下面的工作需要的资料,了解与工作相关的信息,对自己已完成的工作成果进行美化加工,整理文件等等。

3.每天定时处理一些日常事务,不要被它影响主要工作

你每天都需要处理一些日常事务,包括查看电子邮件,和同事或上级的交流,浏览你必须访问的网站和BBS,甚至你这一段时间关心的新款手机、还有打扫卫生等等,以和别人保持必要的接触,得到自己需要的信息,或者保持一个良好的工作环境。这些常规的事务杂乱而琐碎,如果你不小心对待,它们可能随时都会跳出来骚扰你,使你无法专心致志地完成别的任务。

处理这些日常工作的最佳方法是定时完成:在每天预定好的时刻集中处理这些事情,可以是一次也可以是两次,并且一般都安排在上午或下午工作开始的时候,而在其他时候,根本

不要去想它！

除非有什么特殊原因，在工作时要克制自己，强迫自己在预定时刻之外不要查看邮箱，不要浏览BBS，不要去找领导汇报工作，这样，处理这些事务的效率才会提高，并且不会给你的其他主要工作带来困扰。

4.把工作划分成"事务型"和"思考型"两类，分别对待

所有的工作都可以这样分成两类："事务型"的工作不需要动脑筋，可以按照熟悉的流程一路做下去，并且不怕干扰和中断；"思考型"的工作则必须集中精力，一气呵成。

对于"事务型"的工作，你可以按照计划在任何情况下顺序处理；而对于"思考型"的工作，你必须谨慎地安排时间，在集中而不被干扰的情况下去进行。

对于"思考型"的工作，最好的办法不是匆忙地去做，而是先在日常工作和生活中不停地去想：吃饭时想，睡不着觉的时候想，在路上想，上WC的时候想。当你的思考累积到一定时间后，再安排时间集中去做，你会欣喜地体会到"水到渠成"是什么意思。

第五章
菜鸟生活：拒绝恐惧和迷茫

一天忙下来，职场菜鸟又陷入了迷茫，工资低、能力没有提高、受人排挤、行业前景黯淡，这样下去有什么前途？如何支撑起恋爱、结婚、买房、生孩子这样的人生大事？想想又觉得恐惧。

如果出现这样的情绪，不要让它持续5分钟，5分钟之后，你就让自己振作起来。

职场菜鸟的迷茫和恐惧是一种正常的反应，重要的是不沉湎于它。沉湎于迷茫，只会让你更加迷茫，这时的你，毕竟身在职场中，已经比很多失业的人幸运，虽然你也可能失业，但你是个聪明人，勤奋懂礼仪，做事认真肯学习，社会总要发展，职场这么宽广，永远都在渴望着人才的加入，你只要坚定地朝这条路走下去，何愁找不到一个位置？

你应该有很多事情要做，哪有时间来迷茫？迷茫和恐惧完

全就是垃圾时间，如果要给这个垃圾时间一个期限，你要说，最多5分钟。

职场的工作与生活，应该保持平衡，偏向哪一方都不好，业余生活安排丰富一些，让世界向自己敞开，你会发现，职场并不是一个异化的战场，它是深深扎根于世界的，它不会让你的生活走向毁灭，真正能摧毁你的信心和健康的正是你自己。

工作刚开始，生活在继续，职场菜鸟没有理由迷茫，站起来，拍拍身上的灰，该干什么就干什么。

养成读书的习惯

职业新人的学习应该立足于自主学习、业余学习和终身学习。联合国教科文组织国际21世纪教育委员会提出：“终身学习是21世纪的通行证。”

很多新人总是期望着公司能给自己一个脱产学习的机会，能读一读MBA、EMBA更好，两三个月或者几十天的短训班也行。但是，这样的机会需要几个方面的条件，一是你在公司的位置和老板对你的信任；二是你的贡献和业绩；三是老板要有这方面的意识；四是公司的财务状况和工作状况。这几个条件都具备你才有争取的机会。

所以,职业新人的学习应该立足于自主学习、业余学习和终身学习。联合国教科文组织国际21世纪教育委员会提出:“终身学习是21世纪的通行证。”

在传统的工业社会里，人们在生产线上重复一种操作,大多数人在培训班学习训练一阵,或从专门的技术学校毕业即可长期适应工作,几乎不存在终身教育的问题。现在形势不同了,随着知识经济时代的到来,一个人要想从事较好的职业,要想取得人生的成功,就必须不断读书学习,不断更新知识,把读书学习作为终身的事业。

以往一个大学生毕业,意味着阶段性的教育和学习阶段的结束,接下来做的事主要是工作。现在一个大学毕业生除了参加工作,还得考虑开始新的学习阶段,他在学校里学的那些东西,只能算是一种准备,真正要在工作中做出成绩,还得靠不断的学习。

在今后的社会里,不再有完成了的教育,即便是受过高等教育的人,也得不断坚持再学习,不断接受再教育,才能跟上知识更新的步伐。一个人如果不坚持读书学习,不及时掌握新知识,将很快落伍于这个日新月异的时代。一个人最终文化素质的高低,并不决定于几年时间的专职学习,而是取决于在漫长的人生旅途中能否锲而不舍地坚持自学，也就是做到终身学习。

从一开始工作就养成读书的习惯，坚持几年，你就会发现读书的好处。

让读书成为一项基本的生活内容、一种职业生命的需要。

刚工作时心里很兴奋，心想终于不用读书考试了，这时可以依照自己的兴趣看些闲书，看些好玩的书，不是为了学习，而是保持读书的兴趣。每周总有那么一点时间，手上捧一本书看着。争取每个月都去一两次书店，买两三本新书，不要埋怨书价高，一本好书的价值远远高于它的书价。

要养成读书习惯，说难是难，说易也易。难者大多强调“工作繁忙”、“没有时间”，正如鲁迅讽刺过的一些人那样：“有病不求药，无聊才读书”，甚至无聊也不读书。这种人要想养成读书习惯确实会很难。其实，如今人们的闲余时间是够多的了：双休日、节日长假、八小时之外、日常不饱满工作之余……看几页书的时间每日都有，就看你用不用在读书上。只要经常有计划、下意识地拿起书来阅读、学习，这样日复一日地坚持下去，久而久之读书习惯也就自然而然地形成了。

挤出零碎的时间抓紧阅读。路上、公交车上、地铁里、吃饭时、睡觉前，甚至在厕所里都可以阅读。阅读也不仅仅限于读书，看报纸、看杂志都可以，只不过那些不是最好的阅读方式。最好的阅读方式还是读书，书的知识比较系统而且有深度。

从一开始工作就养成读书的习惯，坚持几年，你就会发现读书的好处。由于种种原因，一部分人会在工作后不再读书，或者勉强读几年后最终放弃，希望你不要放弃。狄德罗说：不读书的人思想就会停止。没有目标就做不成任何事情；目标渺小，就做不成任何大事。读书会使你的职场道理越走越宽广，会给你的人生带来特别的意义。

进入职场后，你要用一种新的眼光来看待读书。不要以为在学校读书多了，见书就烦。其实你在学校常常是被动读书，有许多东西并不是你愿意去读的，书中的很多东西你并不能理解。现在你把握了读书的主动性，读起来效果可能很不一样，在学校读起来觉得平常的书，现在再读一遍，也许感受会更深刻。

读书可以从闲趣开始，但不要以闲趣结束。读书终究是要让你获得能力和意义的。

在日常谈话中，常常听到一些人说自己“喜欢读书”。能把读书作为一种喜欢与爱好，本来就已经不容易了。但仅仅停留在这个层次上，对一个职场人来说还不够。因为你面临着竞争，所以，就不能把读书看成和散步、打球、钓鱼、养花一样，当做是一种兴趣去满足，或者当做是一种时尚去炫耀，而应使之成为一项基本的生活内容、一种职业生命的需要。

读书不求多，而要求精。

不要读没有营养价值的书，对那些泛滥的培训课程、励志书不必多读。

读书不仅要养成习惯，还要学会科学读书。在这里，给职场

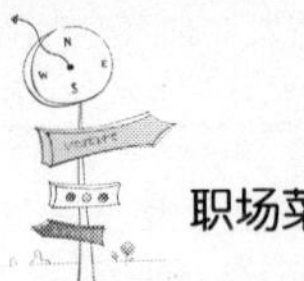

菜鸟一些实际的读书建议供参考。

读书要有选择性,不求多,而要求精。书籍浩如烟海,人的时间和精力不可能一一穷尽。只有有选择地读书,有目标地积累知识,才能提高效率。从这个意义上说,知道自己该读什么书,是读书的第一要务。我们应该选择那些有助于实现自己职业理想、达到自己职业目标的书来读,既要着眼于全面提高自身素质博览群书,又要结合自己的事业发展有所专攻。不能看见别人读什么,自己也跟着读什么;也不能什么书流行,就读什么书;更不能"图便宜",人家给什么就读什么。

书的世界并非一尘不染,它和现实世界一样良莠杂存。在职场中,对人的判断,对事情的判断都是非常重要的能力,实际上,对书的判断也是一种能力。你如果能一直读好书,读有价值的、有用的书,那你的进步将会非常迅速。

注意不要读没有营养价值的书,对那些泛滥的培训课程、励志书不必多读。像杰克·维尔奇的书、彼得·德鲁克的大部分书、市场营销学、《谁动了我的奶酪》、《你在为谁工作》、《把信送给加西亚》这类流行书,不可迷信。彼得·德鲁克的书的确不错,但是中国不适合,稍微看一两本,了解一下他的精髓即可。对那些流行的励志书更要警惕,营养不多,却让你的头脑塞满大路货,失去个性和思想,我们可以这样看:假如一个人一年到头都在看励志书,他的日子一定比较惨,而且由于他缺乏内心的力量,不得不阅读励志书上那些大话来为自己鼓气。当然,大家都在谈，谈执行力，谈没有任何借口，所以这些书你可以简单翻翻，了解个大概，以作谈资。

网络阅读不能取代读书。读书最好要做读书笔记，每一本书读完以后都要结合自己的经验写总结。

当你读书读到一定程度，就会形成自己的见解和认识，再与你的职场经验相结合，很多事情你就看得更清楚，你的职场之路也会越走越踏实。

慎用互联网阅读。互联网上的知识很多，可以称为知识的海洋，成本也非常低。可网上的知识垃圾也很多，很多朋友上网的大部分时间不是花在阅读上而是找知识上。网络阅读的干扰度太大使得大家的心不能静下来，影响阅读的效果。

专业书籍是必须阅读的，可以提升专业性，可光阅读专业书籍是不够的。现代社会需要的是T字形人才。竖杠代表专业性，那是安身立命的根本，专业性越强不可替代性就越强，价值就越大；横杠代表你知识的广度，如果两个人才专业性差不多，这时候就看谁具有更广的知识，因此多领域多个专业的阅读也能够增强职场竞争力。

要讲究读的方法。就以详略为例——同样是读书，有的书需要详读，甚至是反复读；有的书浏览一下、翻一翻目录和标题就可以了，大概知道内容，以后需要时再查阅。

读书要快，拿到一本书先要看目录，先熟悉一下目录，看看

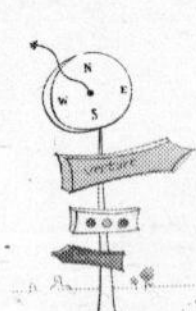

哪些章节是自己不明白的，就看不明白的章节，明白的章节就不用看了。只有这样，才能减少时间的浪费与提高阅读的效率。

读书最好要做读书笔记，每一本书读完以后都要结合自己的经验写总结。看明白了与写出来是两码事，很多人不屑于写所以很快忘记。只有写出来才能加深你对这本书的理解；也只有写出来，才能形成自己独特的看法。读写法，实际上是一种精读的阅读方式，就是边读边写。精读是极为重要的，宋代大儒朱熹说："大抵观书须先熟读，使其言皆若出于吾之口；继之精思，使其意皆若出于吾之心，然后可以有得尔。"精读，才易于领悟书中的要领和精髓，才能取得最大的实际效益。运用写作读书法，不仅能大大促进思考，使理解更深刻、全面，记忆更准确、系统，而且能产生新的创见、新的思路。读、思、写的三者合一，使所学的知识内化于心，从而形成自己的独特的知识体系，避免了自己的脑袋成为别人的跑马场。职场新人在平时的学习过程中，不妨借鉴这一方法。在浏览阅读的时候，把偶得的灵感和思想的火花立即记录下来，或记在书上，或记在笔记本上。如果时间允许，就趁热打铁拓展自己的智慧思路，天马行空地写下来；如果时间不允许，改日再翻看读书笔记，整理自己的思想收获，写成文章保留下来。最好的办法就是申请一个博客空间，把自己的学习感悟贴上去，与同仁们交流共享。一方面开辟了网络沟通渠道，结交志同道合的思想朋友，另一方面，看到自己的学习成果也有一种成就感和发自心灵的愉悦享受。说不定你也会和地产大佬潘石屹或王石那样，结集出版自己的博客文集，给你的同事或后人留下一些宝贵的智慧财富。

书并不一定要买，可以借也可以与朋友互换。书价越来越高，每个月都买几本书对于很多朋友来说是不现实的，因此借书是个很不错的阅读方式，可以向朋友借、可以向图书馆借，成本是非常低的。

读完一本书要学会与别人分享、了解其他人对这本书的看法，在交流中可以了解更加多元的见解甚至可以碰撞出火花产生新的认识。周末找三五个朋友在茶馆、咖啡厅或者山上就某本书某个话题展开探讨，那是件多么惬意的事啊。

读书要坚持下去，要形成一种习惯，要形成一种生活方式，要让读书成为像吃饭那样每天必须要进行的动作。当你读书读到一定程度，就会形成自己的见解和认识，再与你的职场经验相结合，很多事情你就看得更清楚，你的职场之路也会越走越踏实。

发展个人兴趣和爱好

初出茅庐的新人，想要在竞争日益激烈的职场出人头地，有益的爱好和兴趣不仅有益于身心健康，而且或许会使你出其不意地成为职场红人。

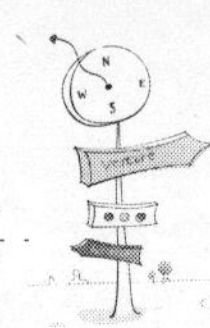

"你业余时间有什么爱好？"

"上网……"

一个常见的问题，一个尴尬的回答。

要是你能信心十足地回答，业余时间喜欢爬山、下国际象棋、逛博物馆、弹吉他、玩摄影，或者来点更少见的，玩航模、研究中医、学习木雕……这样的回答一定会为你加分不少。也许对方眼睛一亮，就某个感兴趣的话题和你交谈起来。

爱好不在多，在精。人的精力是有限的，专门从事一项业余爱好，让这种爱好发挥到专业水准。如果这个爱好能够对你的工作有助力，那是最好不过的事情了。

初出茅庐的新人，想要在竞争日益激烈的职场出人头地，有益的爱好和兴趣不仅有益于身心健康，而且或许会使你出其不意地成为职场红人。

30 岁的小白在职场上打拼了近 10 年，换过 4 家公司，现在就职于一家广告公司做销售，在公司近 20 名销售中，小白的业绩始终在 8 至 11 名徘徊。按理说，这不是一个可以让老板满意的成绩，但小白却是公司的大红人。

尽管小白已过而立之年，可年龄没有在她的脸上留下丝毫的痕迹，看上去还是一副大学刚毕业的模样，而且为人热情、厚道，公司上上下下都喜欢她的性格。特别是销售部的同事，每当出现了需要跨部门协作的事情，小白就会被推到前线，因为在大家的心目中，只要小白出面，大多数问题都可以迎刃而解。除了为人方面的优势，还要追溯到有一年公司年会上，小白弹着吉他演绎了一首原创歌曲。因为这首歌，小白顿时成为了公司里的明星，此后只要公司有文艺活动，小白都是不二的人选。用她自己的话说："弹唱是我的爱好，在K歌的时候，我的确能博得不少的掌声，但怎么也没想到，这点优势也能为我的工作加分。"

视业绩为第一的老板是怎么看待小白的呢？老板认为，如果以公司对员工的硬性指标来衡量，数字才是最有说服力的东西，以此来看，小白绝算不上是A级员工，在各大企业里，这样的员工比比皆是；但小白的取胜之处，就在于她出色的"软"能力以及多边形生活——不再是简单的家庭、公司的两点一线，小白为自己增加了更为丰富的内容。这些内容看起来和公司的发展没有关联，但每当公司组织一些活动时，小白都是最受推崇的那个人，这可以最大程度地提升企业文化。老板很希望公司里有这样的人。

如今的职场，讲究"好用"型人才，小白绝对能够纳入其中。"好用"的人态度开放、不自我设限、专长多样、学习力强、可塑性高、愿意挑战新事物，也愿意以公司的需要为己任，而不是仅仅自满于自我的期待。职场人在工作中，都会有明确的分工，这是公司制定的硬性要求和标准。但这个标准不一定是一种束缚。小白老板的态度让我们看到了企业给员工的开放度。我们早已经告别了每个人只能做一件事、只要做一件事的状态。

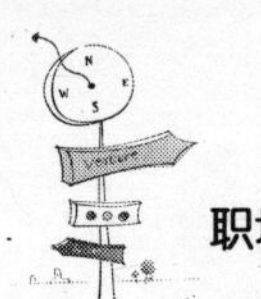

还有一个案例，也能说明在职场打拼，多些“手艺”绝不是坏事。

刘丽是个韩剧迷，从很久以前的那部《蓝色生死恋》起，她就彻底迷上了韩剧。大学毕业后，刘丽找到了一份专业对口的工作。因为是新人，她最初的工作是做财务总监助理。公司虽然是韩企，但韩语毕竟属于小语种，懂韩语的人寥寥无几。公司的正常运转全靠那两个整天忙得团团转的翻译。刘丽并不是一个有野心的人，当时的想法很简单，只想在这家公司好好干，能够实现每年加薪一次的目标。有一次，公司市场部缺人手，临时调她去帮忙协助，就是那次机会，让她认识了一个在韩国大使馆工作的朋友，彼此对韩剧的喜爱很快使她们熟稔起来。后来她告诉刘丽，在韩国使馆有免费的韩语课程班，只要她能保证周末的上课时间，不出一年，她将可以看韩语原版的韩剧。这位朋友的话让刘丽下定决心利用这个好机会学好韩语，一方面是为了更加原汁原味地看韩剧，另外一方面，学好了韩语，说不定可以在公司帮忙翻译。两年后，事实证明，她的学习成果得到了公司的认可，她也为自己的事业开启了另一扇大门。

刘丽学习韩语的那段时间，她在公司里没有泄露丝毫的风声，但当她第一次开口说出几句韩语时，她在老板心中的印象着实加分不少。在很多公司都很注重员工的业务培训，其中一些员工对培训有抵触心理，但刘丽的可贵之处在于，她在不影响自己的本职工作之外，为自己制定了明确的目标，并且这个目标和她在公司的发展极为吻合。

不管金融危机还会来多少次，对于像刘丽这一类员工，她们永远都不必像普通员工那样担心自己会被裁掉。当有心之人成为了公司里的多面手后，她会因自己的专长和技能脱离不安全的处境。

从刘丽的成长中，我们不难看出，企业对员工的自我再培训十分支持，如果你也身处这样的公司里，不妨花一小段时间思考一下，在本职工作之外，你还有哪些机会可能让自己变身为一个公司里的多面手？无疑，发展一些兴趣爱好，既能丰富业余生活，也可以为自己的事业发展增添新的筹码。

有些时候，兴趣和爱好会给你的职场道路指引新的方向。

小赵从小喜欢画画，但是觉得自己在美术方面天赋有限，“爱好不能当饭吃”，高考时便报考了机械专业，毕业后他被中关村的一家公司选中成为销售人员时，他一丁点儿都不感兴趣。他性格并不是很开朗，且畏惧与人打交道，他怀疑这份错位的工作将会断送自己的前程。但当他成功签出第一单后，那种售出产品之后无与伦比的成就感，让他对销售这个职业产生了浓厚的兴趣，他开始爱上了这个新鲜的行业，以极大的热情近乎“疯狂”地投入工作，这就是巨大的动力，他现在已是京城 IT 业出色的销售经理。

你真正的兴趣在哪里？往往你自己也不知道。假如小赵觉

得自己的兴趣是画画，非要找一个美术对口专业，也许过不了多久就厌了，认为当初自己选择错误。很多事情你只有经过后才有所了解。作为职场菜鸟，要找到自己愿意一生付出的事业要花很长的时间。这个时间也许3年、5年，也许8年。到30岁时他基本可以确定自己的兴趣是什么。

你要做的就是从参加工作开始到30岁时，确定自己将要终身从事的职业兴趣和行业，要多尝试，多培养一些兴趣，让自己和更多事物进行碰撞，看看能否碰出新的火花。

说到兴趣和职业的关系，从事自己喜欢和擅长的工作的确是成功之道。但作为职场菜鸟，不必过分强调第一份工作与兴趣对口。上面已经说过，作为一个新人，你并不能确定自己真正的兴趣是什么，虽然你口口声声说自己喜欢什么什么，但还得再过些年头，你才能确信自己的选择。何况有调查显示，世界上有70%的人都在从事自己并不感兴趣的工作，要大家都按自己的兴趣工作的话，这世界就没法运转了。

新人选择第一份工作，会受到很多条件的限制，这时最重要的还不是满足你的兴趣，而是首先要找到工作，进入职场，真正从职场开始起步，积累自己的职场经验。过于强调和兴趣对口，找工作会更加困难，动不动就想跳槽，一不满意就以不合兴趣为借口，为自己跳槽找理由。这样下去会越来越浮躁，让自己的职场之路变得风雨飘摇。

即便你运气好，或者脾气倔，非得按自己的想法行事，第一份工作就是自己的兴趣所在，你也不要以此满足，难保你将来不会改变。还是应该平静下来，多培养一些兴趣爱好，有很多事物你还没有接触过，等你有所了解后再来下结论吧。在这个过程中保持开放的心态，愿意尝试和接受新事物，你或许会有新的发现。

为自己的健康投资

健康对于一个菜鸟来说，是自己最大的资本，在刚入职的时候就要妥善保管它，甚至让它不断增值。如若不然，即使你将来在职场上功成名就，然而失去了健康，一切都毫无意义。

不要以为你很年轻，不用顾及健康问题，职场新人也要谈健康。

刚刚步入职场的年轻人通常都面临着事业、家庭、爱情等多方面的问题，很多新人面对压力，往往选择牺牲休息时间来解决问题，总觉得年轻无极限，等到了事业有成的时候再休息也不晚。

看看以下的情形是不是也发生在你身上：常在办公室里加班到深夜，每天睡眠不足 6 小时，几乎不运动，没有时间给朋友打电话，不去参加同学聚会，甚至忘了大学时代最喜欢的那个

欧洲乐队的名字……然而，渐渐地，你发现，非但工作没有大的进展，而且身体开始出现各种不适，失眠，记忆力衰退，情绪也发生明显变化——你变得焦躁、忧虑，时常莫名其妙地对人发脾气。

小舒，22 岁，大四毕业后进入一家公关公司。进公司的第一堂课就是学会加班。8 个月来，他有近五分之四的工作日在加班。而且经常是刚出差回来，一下火车就赶回公司加班。忙的时候根本没时间休息，连熬几个通宵很平常。他每天的工作时间平均在 12 个小时以上，一边承受高强度的工作，一边还必须在客户面前强打精神，笑脸相迎。这样的超负荷工作很快让他的健康亮起了红灯，年纪轻轻的他在公司的例行体检中，很多指标不合格：轻度脂肪肝、颈椎病、视力急剧下降、免疫力低下……医生告诉他，如果不看他的年龄，以为这是一个快要退休的人士的体检报告。

深圳华为公司 25 岁的员工胡新宇因为“过劳死”在社会上引起热议。胡新宇 2005 年从成都电子科技大学毕业后获硕士学位，到深圳华为公司从事研发工作。他的日常作息习惯从此改变：晚上 10 时，坐上公司班车，颠簸到家已过 11 时，第二天早上 7 时准时起床上班。在去世前，他因工作任务紧迫持续加班近 1 个月，导致过度劳累，全身多个器官衰竭。最后悄然离世。而他生前是个运动健将，健康状况良好。

美国的爱默生曾经说过：“健康是人生第一财富。”身体健康是人的无形资产，也是你的财富的一部分。当人的身体出现了问题需要治疗的时候，你就不得不把你的有形资产转变为货币资金去支付治疗的费用。

可口可乐前总裁也说，工作是橡胶球，掉下去还会再弹起来，而健康是玻璃球，掉下去就碎了，再也拾不起来。可见，健康对于一个菜鸟来说，是自己最大的资本，在刚入职的时候就要妥善保管它，甚至让它不断增值。如若不然，即使你将来在职场上功成名就，然而失去了健康，一切都毫无意义。

从初入职场就注重健康问题，等于是对自己进行长期投资，这个投资是最划算的，并不需要你投入太多金钱，却可以给你职场生涯带来源源不断的回报。

虽然经济上不宽裕，但为健康投资还是值得的，如果因为健康问题生病住院，损失会更大。

健康投资1元钱，后期就可以节省治疗费用9元钱，新人刚入职场，越早进行健康投资，花费就越少，投资收益也越大。

许多新人在吃喝交际上不惜花费本钱，对自己的身体健康却缺乏长远考虑，舍不得为健康投钱，其实，这是因小失大。

当今医疗费用居高不下，一次头痛、感冒可能要花掉几百元，生病住院更需要几千上万元的治疗费。因此，为了避免我们给医院“打工”，我们需要合理安排，保持健康的开支。

最重要的健康方面的开支就是每年定期体检的费用，大约

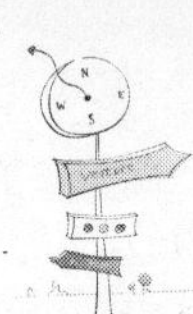

是每人200元左右，这样做可以有效地监控你的身体状况，如身体发现异常可以早发现、早治疗。除此之外，还应每周安排一些体育运动，加强自身的体质。对于经济稍微宽裕的，可以到体育场或者运动馆去运动，比如踢足球、打篮球、游泳等；对于经济略显拮据的，可以做一些免费运动，比如在大马路上跑步、在空地上跳绳等等。对于那些没有时间进行固定锻炼的职场菜鸟来说，也不是没有“投资健康”的方法，最简单的办法就是在每天下班坐车时提早1~2站下车走路回家，既可呼吸新鲜的空气，又可达到锻炼的目的。

在饮食方面，要坚持吃清淡易消化的早餐，应酬时避免饮酒过量，少吸烟，无论多忙绝不超过12点睡觉。对女性朋友来说，不要过度减肥，而对于男性，则要少吃红肉，少吸烟或者不吸烟。

照世界流行的医疗经济学理论，健康投资1元钱，后期就可以节省治疗费用9元钱，新人刚入职场，越早进行健康投资，花费就越少，投资收益也越大。因为越早进行规律的体检，加强健康筛查，起到早期预防、早期发现、早期治疗的作用，为自身的健康多投入，才能多受益，真正实现全面健康生活新理念。

下面我们来看看职场前辈们是怎么进行健康投资的吧：

阿志，男，35岁，国企

刚工作那会儿，阿志很忙，也没时间去运动，由于常坐办公室，26岁的他就堆起了啤酒肚，血脂高，尿酸高，血压高。一次体检，医生劝告他要健康生活，于是阿志下决心在健康上加大“投资”。其实，在健康投资上，他基本上没花多少钱，只是付出一些时间而已。在医生的指导下，他制订了一份合理的锻炼计划书：每周坚持打球，晚上慢跑半小时。从开始制订计划到现在，阿志已经坚持了9年。现在的他精力充沛，思维敏捷，已经成功跃升为公司的中层领导，这与他的健康投资是密不可分的。

韩飞，女，33岁，市场总监

韩飞是个成功的女强人，30多岁就做到市场总监，拿着令人羡慕的高薪。可生活中，她却饱受疾病的折磨，颈椎病、腰椎病，压力过大时，内分泌也会紊乱。于是，她成了美容院、健身馆的常客，常在那里做运动或保健。每年假期，她会去疗养院休养。虽然这类支出每月大约要花去1500元，但她觉得很值，自己因此健康快乐，光彩照人。“年轻时用健康换金钱，年长时用金钱换健康。”这是韩飞的心得。

也许相对于以上较为奢侈的健康投资，荷包瘪瘪的新人有些望尘莫及，不过，健康投资和理财一样，并不一定要花费高昂，关键是树立健康观念。其实，在日常工作生活中，多留意健康知识，培养健康的生活方式，亚健康问题就能得到缓解。只选对的、合理的，不一定非要选那些昂贵的，这应该是积极健康的投资标准。

几项“价廉物美”的小运动：俯卧撑、跳绳、爬楼梯。

选择一两项自己喜欢的体育运动，坚持下去。游泳、乒乓

球、羽毛球、篮球、自行车、爬山……这些运动花钱不多，却可以让你收获很大，坚持三年，再来和那些没有进行任何体育运动的人对比看看，你一定深有体会。

如果你喜欢的某项运动条件不具备，或者难以坚持下去，还有一些“价廉物美”的小方法，这里特别要介绍的是做俯卧撑和跳绳。

俯卧撑对场地、体能、性别都没有严格的要求，在家里随时可以进行，每次不到10分钟即可完成。做俯卧撑没有多大副作用，主要是锻炼胸大肌、肱三头肌、腹肌、背肌等肌肉群，是一种比较全面的锻炼方式。男性做俯卧撑还可以美化身材，变得更挺拔匀称；女性做俯卧撑也有很多好处，因为锻炼胸大肌可以塑造完美的胸部，防止出现乳房下垂等影响体形现象。更关键的是，对乳腺增生、乳腺癌等严重疾病有很好的预防作用。

职场人士常常坐在办公室里，要注意保持肌肉的力量，可以通过举哑铃、俯卧撑等锻炼保持肌肉的力量，那么肌肉对关节、脊柱的支撑能力就会增强，也就不会年纪轻轻就腰酸背痛了。更妙的是，进行俯卧撑等力量锻炼后，会刺激大脑分泌大量的“快乐激素”，让你在锻炼后的很长一段时间都感觉到非常的愉悦。如果觉得双手撑地做俯卧撑有些不便，可以考虑买一个俯卧撑器，也就二三十元一个。

除了俯卧撑，跳绳也是一项简便易行的运动。跳绳对心脏机能有良好的促进作用,它可以让血液获得更多的氧气,使心血管系统保持强壮和健康。跳绳的减肥作用也是十分显著的,它可以结实全身肌肉,消除臀部和大腿上的多余脂肪,使你的形体不断健美。

同时医学专家认为,跳绳对活跃大脑有重要作用。跳绳时的全身运动及手握绳对拇指穴位的刺激,会大大增强脑细胞的活力,提高思维和想象力,因此跳绳也是健脑的最佳选择。

有一群职业妇女做过一项试验，她们的年龄由19岁到42岁不等,每个人每天跳绳5分钟,一星期5次,一直持续4周,结果发现跳绳可以消除疲劳，曾经一度整日为疲劳侵袭的妇女，现在已经突破这层障碍了,因而在下午三四点钟困乏的现象消失了,她们的工作效率提高了。

跳绳对女性具有独特的保健作用。如果你是职场女性,可以采取法国健身专家莫克专门为女性健身者设计的“跳绳渐进计划”。初学时,仅在原地跳1分钟,3天后即可连续跳3分钟,3个月后可连续跳上10分钟,半年后每天可实行“系列跳”,如每次连跳3分钟,共5次,直到一次连续跳上半小时。一次跳半小时，就相当于慢跑90分钟的运动量，已是标准的有氧健身运动。

当然,职场男性也可以跳绳。如果你能长期坚持跳绳,能健美益智,你的弹跳、速度、平衡、耐力和爆发力都会有长进,同时可培养准确性、灵活性、协调性,以及顽强的意志和奋发向上的

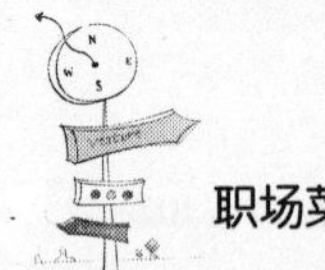

精神。你在职场上的跳跃也一定会更有力。

学一点理财

理财更多的是一种生活态度，是一种观念的建立。越早建立理财的观念，以后受益越多。

不少职场新人虽然钱少，但需求多多，买衣服、请朋友吃饭、K歌、旅游……名目繁多、“必不可少”的花销常常令他们在月底囊中羞涩，甚至举债度日，或者靠父母接济，这也在一定程度上加重了涉世之初的职场新人们的迷茫和恐惧——没有一点积蓄应对未来哪怕一点点风吹草动比如医疗、教育等等。这种情况下，职场新人还谈不谈理财呢？

正如一句流行语所说：“今天你不理财，明天财不理你。”新入职场的菜鸟切不可认为自己无财可理就乱花钱。其实，理财更多的是一种生活态度，是一种观念的建立。越早建立理财的观念，以后就受益越多。

20世纪70年代末80年代初生人自嘲的一段话，曾引起广泛的共鸣：

我们读小学的时候，读大学不要钱；

当我们读大学的时候，读小学不要钱；

我们还没能工作的时候，工作也是分配的；

我们可以工作的时候，撞得头破血流才勉强找份饿不死人的工作做；

当我们不能挣钱的时候，房子是分配的；

当我们能挣钱的时候，却发现房子已经买不起了；

当我们没有进入股市的时候，傻瓜都在赚钱；

当我们兴冲冲地闯进去的时候，才发现自己成了傻瓜。

说起来好像什么点儿都没赶上，总是落后一步，其实不然，现在的年轻人拥有前辈无法比拟的观念和技术优势。理财就是一种新的观念和技术，你如果会理财，上面所有的错过都可以弥补。好比大家坐在一张牌桌上，你运气不大好，很少拿到好牌，赚大钱的机会都在别人那儿，但你会理财，虽然赚得不多，但花得很艺术，还会投资升值，最后大家离开牌桌时一算账，你居然是赢家。

时代不同了，以前会赚钱就行，现在还得学会理财，不然赚来的钱也留不住。现代社会是金融时代，财富的转移和整合的速度大大加快。改革开放初期那些脸上放光的万元户，有几个能笑到现在？他们那时没有理财的观念，以为赚了钱就会永远在自己兜里，有的人甚至把那时赚的钱一直存在银行里，留到今天不知贬值了多少倍，他们也许更羡慕现在的年轻人。

年轻人从现在开始树立理财观念，是一种幸运。要知道，这些年的事实表明，以为傻瓜都可以在股市赚钱的，最终结果都

很惨。真正赚钱的是善于理财的时代弄潮儿。

对于职场新人来说，最实在的理财恐怕还是省钱，入门技巧就是记账。

别做“月光族”。无论你工资多少，每月你能省下 1/4 或 1/3 么？省钱真的是一种磨炼，无论在意志方面还是技术方面。其实，只要开始做一点点改变，比如采用零存整取的方式，就可以轻松克服无财可理的窘境而使自己有一些固定存款。比如，张小姐月收入 10000 元，将房租、生活费等必要开支扣除之后，每月可以盈余 5000 元左右，但是由于没有理财计划，每个月的这些钱都花在了一些不知所云的地方，一年下来，一点积蓄也没有。可是，如果进行零存整取的储蓄计划，每个月拿出工资的五分之一 2000 元进行储蓄，到了年底就会有两万多的结余。

成功的理财之道在于，制订了详细的理财方案后，能够持之以恒地采取相应的行动。如果三天打鱼两天晒网，再好的计划也是空谈。对于职场新人来说，理财的基本入门技巧就是从记账做起。

也许很多人不以为然，认为记账是件太小儿科的事情，实际上，记账是有效理财的第一步。特别是初入社会的毕业生，没有相关生活经验，花钱没有经过考虑，容易产生冲动性消费，如果没有养成记账的习惯，就会出现明明月初薪水刚刚领到手，还没有到月中，钱袋已经见底了的情况。而相反，如果养成记账的好习惯，把每天的收支明细都记到账本上，一个月下来，你就会吓一大跳，原来自己的钱都是这么花的呀，原来自己某部分的花费竟是如此恐怖……

因此，作为职场新人，要克服自己胡乱花钱的坏习惯，就要养成记账的好习惯，坚持每天记流水账，目前网上有很多很实用的记账软件共享，功能相当丰富，其自动绘制的饼图、线图、柱状图等财务图表，使没有任何财务知识的普通人也能对收支明细一目了然。通过这些记账软件的帮助，积累一些原始的数据，再从中进行一些简单的分析。了解自己每一部分的消费在总支出中所占的比例，认清自己的消费结构，进而筛选支出中不合理和较为浪费的部分，进行减缩和剔除，达到节流的目的。并在此基础上，制订合理有效的财务计划，设定财务目标、拟定理财策略，对个人消费进行理性指导，进而轻松地管理个人财务，养成良好理财习惯，最终实现自己的理财目标。

最后，要记住，记账是一门学问，记账的目的不仅是为了备忘，更重要的是为管理资产提供一个依据。

如果有这方面兴趣和机遇，职场新人可适当投资。

进入股市，不是为了在某一波牛市中赚点小钱，而是用股市这个窗口锤炼自己观察鉴别事物的能力，把握财富流动的脉搏，和世界靠得更近。

有一位刚参加工作不久的年轻人，看上了一款还没上市的

手机，为此存了3000块钱，但这款手机不断跳票，他等得不耐烦，一气之下拿去买了股票，刚开始小亏，不久股市止跌回升，并出现牛市，过了几个月账户升值到了1万多块。后来手机出来了，他也舍不得卖掉股票买手机，等手机降到2000元时他才卖掉股票买了一部。这时账户上的钱还剩12000元，而且他对换手机兴趣不如以前了，倒是对股票着迷。

职场新人如果有这方面的兴趣，买点股票也无妨，但不宜投入太多，几千元足矣。主要是通过这个窗口了解经济形势，比如有通胀预期，商品可能会涨价，特别是有色金属涨得更快，那么与之有关的企业股票就会上涨，比如生产黄金、铜、锌的企业。观察股市，会让你更深地了解这个世界是如何运转的。

中国的股市存在了近20年，其中发生的财富转移是非常惊人的，很多人在股市上亏钱，从根本上说不是他们运气不好，而是他们没有理财的头脑。有人说，股市就是一个财富漏斗，金钱从信息闭塞的人手中流到先知先觉的人手中，从非理性的人手中流入到理性的人手中，这理性的人群是少数，是真正善于理财的人，是真正理解这个世界、理解中国国情的人。

职场年轻人如果进入股市，最好不是为了在某一波牛市中赚点小钱，买部新手机什么的。你要用股市这个窗口锤炼自己观察鉴别事物的能力，把握财富流动的脉搏，和世界靠得更近。

谨防成为“卡奴”。

信用卡是现在比较流行的一种消费方式，名牌衣服、化妆品、高档数码产品……简单刷刷卡，就能抱回家。现在各银行竞争激烈，放低了信用卡申请门槛，基本上谁想申请就能得到，实际上对年轻人形成了误导，以为使用信用卡体现时代发展，忽略了信用卡的巨大风险。

信用卡有两种还款方式，一种是全额还款，一种是归还最低还款额，即还款已消费金额的1/10，前者不计利息，后者计利息。很多年轻人刷卡时感觉轻松，但还款时会感觉沉重，开始一段时间还能坚持全额还款，很快就会遇到入不敷出的时候，于是就开始还款1/10，每个月除了还款，还要承受一两百元的利息，卡上的未还款金额累积到一定程度，还款就越来越困难，容易出现破罐子破摔的心理，于是，一个新的“卡奴”诞生了。

我国信用卡循环利息目前是按照日息万分之五计算，因此算下来年息约19.5%。这就是说，如果某持卡人欠银行1万元，则每月除归还最低还款额1000元外，还得额外支付150元的利息，如果本月不支付利息，那么从下月起，该持卡人的账户可能被列入银行黑名单。信用卡还款有一个最后还款日，超过一天银行就会留下不良记录。如果不小心被列入银行黑名单，对你的人生将是一次打击，你在国内任何一家银行都不能贷款，包括买房买车也没法贷款，将来会带来很大的不便，更重要的是你的信誉将会受到很大损害。

使用信用卡一点不能粗心大意，比如你这个月刷了5001元，还款时还5000元，那么第二个月就会有100多元利息，因为你即便只差一元，也算没有还清，银行就按5001元计息。

谁会成为卡奴呢？意志薄弱的人，还是不会理财的人，或是赚钱太少的人？其实，很多卡奴都是看上去聪明有为的年轻人，只因没有绷紧那根弦，一时放纵自己，逐渐沦为卡奴。卡奴的生活是悲惨的，他们的生活目标仅仅是为了还款，因为这是最紧迫的事。卡奴不仅失去金钱，还会失去信用，这样的风险对于职场新人来说绝不能轻视。最好的办法，就是不办信用卡，买东西时拿钞票说话，消费心理容易控制。这样过上3年再说。

克服不良情绪

“80后”的职场新人，成长环境比较顺利，没有经历过他们前辈所经历的那些磨难，抗压力能力相对较弱，也更容易出现心理健康问题。这一批人应该更重视自己的心理问题，不要讳疾忌医，发现问题要及时调整。

职场菜鸟告别校园，走向社会，不啻为人生的一个重大转折，在这一过程中，面对新的环境、新的角色、从未经历的工作，还有更激烈的竞争、更复杂的人际关系等等，他们中有许多人很难适应，很容易出现一些不良情绪。调查发现，参加工作5年以内的人，心理健康问题尤其严重。而第5年则是一个分水岭，这一年有心理健康问题的人的比例达到最高，为30.4%。从第6年往后，有心理健康问题的人的比例逐年下降。

职场新人的心理问题主要表现在：

自卑

也许受家庭环境因素，有些人容易产生自卑感，甚至瞧不起自己，只知其短不知其长，甘居人下，缺乏应有的自信心，无法发挥自己的优势和特长。

怯懦

很多应届毕业生，刚刚走向社会，因为涉世不深，阅历较浅，性格内向，不善辞令，导致内心胆怯、怕事、懦弱、拘谨，害怕困难，意志薄弱，害怕挫折，害怕交际，性格软弱，平时寡言少语，行动拘束。

猜疑

有猜忌心理的人，往往爱用不信任的眼光去审视对方和看待外界事物，整天疑心重重、无中生有。每每看到别人议论什么，就认为人家是在讲自己的坏话。成天提心吊胆地生活、内心总有解不开的疑惑，总有摆脱不了的矛盾，活得很累。

冷漠

这是一种对他人冷淡漠然的消极心态，对与自己无关的人和事一概冷漠对待，对人怀有戒心甚至敌对情绪，既不与他人交流思想感情，又对他人的不幸冷眼旁观、无动于衷，显得毫无同情心。更为严重者，甚至错误地认为言语尖刻、态度孤傲，高视阔步，就是自己的“个性”。

空虚

或是因自己急于成才、渴望成功的“雄心壮志”在现实面前一次次受到打击，感到前途无望，目标渺茫；或是因工作上受到挫折、受到领导批评而对自己缺乏信心；或是对周围的人和事太不满意，但又无奈；或是自己遭受了不公平的待遇，于是他们中一些人就兴趣索然，意志衰退，对什么都失去兴趣，都觉得“没劲”。生活上感到空虚，精神上十分怠倦，自认为“活得太累”，工作应付着干，每天懒懒散散，凑合着打发时光。

失落

初始的就业心理，带有很大的理想主义色彩，过于美化现实、美化职业，因而毕业前对未来工作生活的期望值较高，并希望走向社会后尽快得以实现。然而，这种一相情愿的想法常常落空。当发现工作环境或工作条件比想象的要差得多，自己得不到想要的待遇，甚至比中学同学或没有上过大学的人的收入都要低时；当发现单位领导对自己并不是想象中那么重视，自己在单位也只是人微言轻时；当自己的工作成果经常遭到同事或领导的否定时，失落和沮丧便会在内心油然而生，他们的情绪会一落千丈，甚至一蹶不振，影响到继续努力的信心。

焦虑

由于工作后生活的强度、难度和紧张度都加大,生活的节奏也加快了,他们中有些独立生活能力不强的,到了新的生活环境不善于安排自己的生活,再加上还有很多工作与学习的任务,因而常常陷入到一种忙乱无序的状态。上级交给的任务,因受客观条件的限制,加上主观努力不够,没有完成或不顺利,心理便压上了沉重的负担,使得他们处于惴惴不安的状态。生活、学习与工作中的问题已经让人紧张不堪了,复杂的人际关系和激烈的竞争又使得他们心理丝毫不能放松,时时处于紧张、焦虑之中。高度的紧张焦虑,使得一些人精力不能集中,甚至于常常失眠和头痛。

浮躁

刚踏入社会且喜好攀比的毕业生看到与自己年纪相仿的同事加薪晋职,或者是身旁不少人挣了大钱,住上了新房,开起了小车,就心浮气躁,"急不可耐"地跃跃欲试。工作安不下心来干,甚至盲目地跳槽,想一下子也达到别人的水平。由于受个人实力或外界条件所限不能如愿时,又陷入无尽的烦恼之中。

调查还发现,"80后"的上班族比其他年代出生的人更容易出现心理问题。"80后"的职场新人,成长环境比较顺利,没有经历过他们前辈所经历的那些磨难,抗压能力相对较弱,也更容易出现心理健康问题。这一批人应该更重视自己的心理问题,不要讳疾忌医,发现问题要及时调整,避免问题扩大化。

一些心理保健小方法。

负面情绪其实就像鞋里的一粒沙子，因为它很小，你也就懒得把它倒出来。但是走了很远的路，你会发现，脚已经受伤了。而如果鞋里真有一个大石子，你一定会在第一时间把它倒出来，反而不会受伤。所以正确的办法就是从一开始仔细查看你的鞋子里是否有沙，如果有，把它倒出来，或者干脆不让沙子进到鞋里。

你不妨仔细查看一下，自己的鞋里有沙子吗？

首先，在空闲时不妨自问：我幸福快乐吗？

如果你的回答是“不”，请及时为你的心理做保健。这其实就和女士美容、男士健身一样，应该纳入你的日常活动。

另外你可以留心自己夜里做的梦，梦是白天状况的反映，但白天你往往在忙碌中，并不能意识到自己的潜意识，在梦里，潜意识常常会发出明显的信号。参加工作快一年的小林，最近总在重复同一个梦境：自己悬在半空，奋力攀爬一座陡峭的山崖，山崖上面垂下来无数的绳索，而每一根绳索，都在伸手触及的那一刻化作细沙飘落。这个梦形象地体现了他对眼下职场的感受：周围的一切，都有如沙制的绳索，无可依靠，只有自己的奋斗是真实的。他对自己没有信心，觉得很多困难无法克服。

那么，究竟怎么做才能把鞋里的沙子倒出来，或者干脆不让沙子进到鞋里？一些简单的态度和习惯调整，一定可以帮到你。

学会倾诉

当遇到不愉快的事时，不要自己生闷气，把不良心境压抑在内心，而应当学会倾诉。每个人的周围总会有几个知心朋友，当产生不良情绪时，朋友们聚一聚，一壶清茶，一杯咖啡，就事论事倾诉一番，把自己积郁的消极情绪倾诉出来，以便得到别人的同情、开导和安慰。美国有关专家研究认为："一个人如果有朋友圈子，就能长寿 20 年"，可见，朋友对一个人生活的重要性。

听音乐

音乐对治疗心理疾病具有特殊的作用，而音乐疗法主要是通过听不同的乐曲把人们从不同的病理情绪中解脱出来。殊不知，除了听以外，自己唱也能起同样的作用。尤其高声歌唱，是排除紧张、激动情绪的有效手段。当人们不满情绪积压在心中时，不妨自己唱唱歌，歌的旋律，词的激励，唱歌时有节律的呼吸与运动，都可以缓解紧张情绪。

学生往往喜欢听流行音乐，如果你愿意用音乐来调节情绪，不妨趁这个机会尝试一下古典音乐。古典音乐对健康有独到的好处。听古典音乐不仅可以平静心情，还有降低血压、缓解肌肉紧张的作用。

英国一所大学的心理学家发现，为奶牛播放轻松的古典音乐有助提高它们的产奶量。但是，一些吵吵嚷嚷的现代音乐却没有什么效果。据说，那些悠扬舒缓的音乐能提高产奶量，可能是因为它们能减少奶牛的压力。作为职场新人的你，需要减轻

压力的话,试着听一下古典音乐吧。

周末号啕

哭是人类的一种本能，是人的不愉快情绪的直接外在流露。现实生活中除了过度激动外,哭总是由不愉快引起的。因此从医学角度讲，短时间内的痛哭是释放不良情绪的最好方法，是心理保健的有效措施。因为人在情感激动时流出的泪会产生高浓度的蛋白质,它可以减轻乃至消除人的压抑情绪。有关专家对此进行研究,结果表明健康男女哭得要比有病者哭得多。不过只是在内心受到委屈和不幸达到极大程度时才哭，如果遇事就哭,时时哭哭啼啼,事事悲悲泣泣,反而会加重不良情绪体验。

职场新人,尤其是毕业不久的女大学生,有时觉得委屈,觉得太累,想哭一场,那就找个地方好好哭一场。痛痛快快地哭完,再听点音乐,或者吃点东西,早点睡觉,第二天精神抖擞地上班。

据调查,“周末号啕族”已在年轻人群中悄然出现。周末,一个人在家,拉上窗帘,听一张催人泪下的唱片,找一本令人伤感的文艺作品,借着悲惨的故事情节号啕大哭。这种看似自虐的方式,成了当下越来越多的年轻人舒缓压力的途径。原因很简单,哭能让他们发泄情绪。

运动也是一种很好的方式

很多人对运动有误区。上班骑 40 分钟的自行车，每天跑 5000 米,这些够运动吧? 其实这并不是运动,而是劳动。劳动是有目标、有计划的。而运动则没有，随心所欲。生活，需要点儿漫无目的。当然，即使是劳动，也要比不劳动为好。从能量分布的角度来讲，只要你在走，就会有更多的血液分布在你的腿上，以保持身体的平衡，此时心与脑由于没有足够供给，也相当于放松了。

记录自己的情绪

在古希腊神话中，美丽的潘多拉因好奇，打开一个从未被开启的木盒子，一时间，飞奔出许多人性，像饥饿、贪婪、纷争、情欲……在每个人的心底，也都藏有一个潘多拉盒，装着各式各样复杂的情绪。许多研究都发现，压抑或忽略自己的情绪，只会带来反效果，像是身体的疼痛，或因易怒、反应过度，伤害人际关系。

因此，心理学家多鼓励压力大的现代人，要勇于了解自己的情绪，特别是女性。因为女性容易把重心放在照顾他人，常忽略自己真实的感受与需要。所以辛苦忙碌的现代女性，别忘了独处时，适时打开自己的潘多拉盒，了解自己的真实情绪，不再压抑或隐瞒。随时写下来，把情绪收起来。如果，情绪常累积到一个程度，无法处理或面对，不妨准备一个笔记本，随时把情绪写下来。

一个48岁的电视女制作人，床边摆着许多笔记本，都是她情绪的记录。有她和朋友的对话，也有她看艺术表演的感动，甚至连梦境，都边写边画地记在纸本上，栩栩如生。她随时在整理自己的情绪,如果想回忆,就翻到那一页,切换自如。所以她总是能做到宠辱不惊,情绪极为稳定。

最后,要允许自己软弱,要尊重自己所有的情绪。人生比较好的心态选择是:知足常乐。伤害往往发生在你力不从心的时候。如果你是个杯子,那就不要去干暖壶才能做的事。

当然,如果以上方法都无法缓解你的负面情绪,那就要去专门的心理门诊咨询,或者找有专业经验的人进行咨询,当然,会在经济上付出一定代价,但多半是值得的,他们有专业知识,有四两拨千斤之功,也许只是几句话,就可以解开你的心结。越早就医,就越能尽快获得心理健康,你的职业生涯也才能更加舒畅。

职场充电不可少

你踏入职场以后会有如释重负的感觉?你认为终于可以不再考试,不再看书学习了?

课堂上的考试是没有了,但换句话说,人生的考试无处不在,只不过不再要你拿分数说话,而是让你拿绩效说话。人生路上还有一道道关口需要你去逾越,越过去你就是成功者,过不去你就是失败者,有这样的"考试"在,你还得学习。

我们所处的社会是一个知识爆炸的时代,生存空间渐渐被压缩,如果不充分利用时间去充实自己,可能就会被淘汰出局。也许光说道理不足以令人信服,还是让数据来说话:根据剑桥大学的一项调查,半数的劳工技能在1~5年内就会变得一无所用,而在20世纪,这种技能被淘汰的期限是7~14年。在工程界,毕业多年以后,在学校学习的知识所能运用的已经不到四分之一了。无怪乎,当今的管理学界和企业界都将“用学习创造利润”视为未来“赢”的策略。

大多数企业在新人入职以后都会进行职前教育。一般来说,在职前教育阶段所讲授的课程都是员工在入职以后需要实际运用到的知识和技能。这正是个绝好的培训机会,新人一定不能放过,一定要用心学习,熟练掌握,切不可敷衍了事,甚至有排斥心理。因为这样的培训不但能使你消除对未来新工作的恐惧感,做到心中有数,也可以借此机会熟悉了解新来的同事,以及公司的组织机构、企业文化、办公环境等等。

如果你是入职有一段时间的菜鸟,那么要时刻关注公司的进修外派计划,有可能的话尽量争取。因为外出进修一方面可以切实提高自己的专业水平,掌握更多的专业技能,能在今后的工作中更加得心应手,另一方面,也为自己今后的升值积攒了筹码。尤其是如果公司批准了你的申请,表示公司有意培养和栽培你。这时,你就更应该珍惜这次机会,全力以赴,以待将来更好的发展。即使申请不成,你的这种积极态度也会给领导

留下良好的印象，说不定下一次的机会就会垂青于你。在选择进修项目时，也不能无的放矢，应该根据自己的工作性质、个人能力，以及自己未来的发展方向来权衡。

职场充电途径选择：考证、考研、短期培训。

相对于短期的入职培训和难得的在职外派，选择职场以外的充电方式也是可以的。职场充电的途径多多，考证、考研、留学，不同途径有不同的特点，有时在选择时难以取舍。那么，目前职场深造途径有哪些？都有哪些优势与不足？各自适合什么样的职场菜鸟呢？

充电途径之一：参加考证

"考证"是当今职场的热词之一。证书是职场新人求职的专业"身份证"，更是众多职场人士提高身价的捷径。用权威、名牌的证书为自己"镀金"，是时下年轻求职者偏爱的方式。企业对求职者能力的判断，很大一部分也以证书为依据。不同级别的资格证书代表着所属领域的专业知识水平，像国际项目管理资格认证、国际注册会计师资格认证、注册建筑师资格认证等都是行业里的"金牌"证书。

收益分析：不同级别、不同性质的证书，其资金投入也不同。一般国际类资格证书，如 ACCA、CFA、CIA 等，起码要万元以上，而英语四、六级证书，计算机等级证书，导游证书等本土证书最多不过千余元。虽然考专业证书的费用投入与留学相比较少,但报考顶级证书的成本并不小。以ACCA证书为例,所有的考试费用约2万元人民币;如果参加培训,共14科,每科的培训费用为1200~1400元。费用相当可观。当然,投入大,回报也相当可观。据统计,39%的ACCA中国会员担任中高层职位,平均年薪约10万~60万元,最高的逾百万元。

学习难度:不同的证书,学习难度各不相同。ACCA、CFA、北美精算师等权威性国际资格证书,含金量高,但对考生的要求严格,考试内容范围广,难度大,通过率很低。而英语四级证书、计算机等级证书这类的"入门级"证书,通过率相对较高。

时间准备:应对各类证书考试,通常需要提前一年做准备。一些高难度、国际性的证书考试,由于专业性较强,对考生的英语能力要求较高,复习的时间应该安排得更充足一些。

充电途径之二:攻读硕士

虽然如今用人单位的唯学历观念有所改变,但不可否认的是,高学历求职者的就业机会和竞争力仍相对较大,薪酬待遇也相对较高。职场竞争日益激烈,攻读硕士课程,提高学历层次,成为本科生获得职业发展动力的捷径。特别是MBA、工程硕士等专业硕士教育,是职场菜鸟深造的热门方向。

收益分析:目前硕士研究生教育的学费仍由国家财政部分拨款,在职人士只需支付考试费用、考前辅导班费用等,投入成本并不高。但研究生教育收费是大势所趋,因此,今后这一途径的深造成本将有所增加。专业硕士学费按不同类别差别较大,

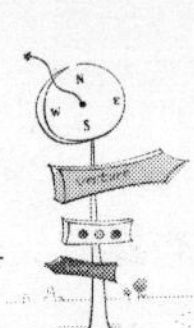

MBA 的学费要十几万甚至几十万元，而工程硕士的学费一般为 3 万~4 万元。从回报率上看，与本科相比，拥有硕士文凭的确具有很强的竞争力，在就业机会、薪资待遇等方面，都要略高一筹。尤其是金融、法律类热门专业，回报率更高。

时间准备：考研并非越早准备越好，长时间的准备会导致过早进入疲劳期，令考试现场的发挥大打折扣。一般来说，提前一年准备即可，但对基础知识不够扎实的职场菜鸟，则需要两年左右的准备时间。

充电途径之三：短期培训

短期培训以外语能力培训、IT 技能培训、管理能力培训为主。

收益分析：短期培训课程根据培训时间、级别的不同，学习费用差别悬殊。高端外语培训课程，特别是小班制外教口语班的收费一般都在万元以上，而新概念英语等传统课程的费用则在千元以下。IT 类培训也是如此，学费从几百元到几千元不等。相比之下，管理类课程的收费普遍较高，MBA 精华班的学费都超过万余元，短期培训也要几千元。从回报率上看，短期培训的最难估算。如果通过培训强化了能力，增长了见识，丰富了阅历，那么，这些都将是宝贵的无形资产，将在职业发展中受益匪浅；反之，数千元甚至几万元换来的只是一纸证书而已。

学习难度：相比之下，短期培训的学习难度不大，只要求学习目的明确，学习态度认真，并有一定的相关知识基础，一般都能学有所获。但高层次能力培训课程的含金量高，学习要求也相对较高,有一定难度。

时间准备:通常短期培训的时间都在一年以内,课程安排灵活。因此,在职人士只要合理安排好时间,就能工作、学习两不误。

其实无论是哪一种培训或者深造方式,归根结底都是为了积累知识,提升自己的职业价值,以便在今后的职场生涯中更加游刃有余,顺风顺水。

不要放弃外语

学习了很多年外语,投入了大量精力和时间,进入职场后就放弃,是很吃亏的事。

认为外语对你的职场生涯不再重要,是非常短视的看法。

进入职场后不要轻易放弃外语。学生时代大家在外语上花的时间很多。没有谁敢随便放弃外语学习,从小学升初中,再升高中,然后考重点中学,之后是高考,都需要好的外语成绩作为保障,外语的分数低了,考试总成绩就会很吃亏。

刚步入职场打拼的菜鸟,终于不用参加外语考试了,很多人的工作中也暂时用不到外语,将来几年似乎也没有用上的可能,觉得这下可以放弃外语学习,甚至可以彻底对外语说拜拜

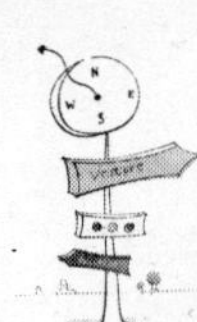

了。如果你有这种想法，是很糊涂的，最好早点清醒过来，重新考虑外语学习的事情。

首先，你这时放弃外语是很吃亏的，你已经学习了那么多年，投入了那么多的时间和精力，现在放弃，就好比修了个烂尾楼，前期的投入都白费了，是很可惜的。其次，认为外语对你的职场生涯不再重要，是非常短视的看法。许多毕业生毕业以后选择在大中城市打拼，大中城市的外资、合资企业众多，进入这些企业，外语是基本的素质之一，如果你各方面能力都还不错，根据木桶理论，如果只是因为短了英语这一块木板，将会极大地限制个人的发展。也许3年内用不上，也许10年内都用不上，但只要你还想在职场往上走，上一个新台阶或进入一个新领域，外语都是非常重要的拐杖和敲门砖。

即使是身在国企或者私企，英语仍然是必不可少的应用工具之一，上国外的权威网站查找第一手的文献资料、与老外客户打交道、出国深造，甚至出门旅游……都要用到英语。

如果你想成为被猎头盯上的人，那你必得会外语，猎头首先就会问你的外语情况，如果你一门外语都不会，基本不会进入他的名单。

不要重复读书时学习“英语知识”的误区。

要安排好学习时间和学习方法。

从学校出来的人学的都是考试英语，和英语的实际应用有很大区别。在应试教育的引导下，许多英语学习者只是为了获得一门语言知识，为通过各种考试而学英语。他们更关注语言知识的积累，却没有发展运用这些知识的实际技能。特别是大学生们通常把时间都花在背语法规则、记英语单词、做阅读练习上，导致很多人过了六级还是开不了口。可见，如果不能完成英语学习中从"知识"到"技能"的转变，学好英语将会遥遥无期。于是很多的外企人事经理感叹："想找到英语应用自如的大学生真的太难了。"但是这些学生们的确都是拿着各种英语等级的证书去面试的。

要明确你学习英语的目的，是为了对工作有帮助，对人生有益，而不是让你得高分。有些人喜欢去参加什么考级考试，觉得这样容易见效，学习也有动力，那样就走入了误区。你考得再好有什么用？你要体会到学习语言的快乐，如果你能看懂英语原声电影，阅读最新出版的英语小说，翻译本行业最新的英语文章，你就能体会到英语之乐、英语之用。

语言这种东西，实际运用很重要，也许你在学校十多年都长进不大，但如果在职场中有实际运用，有良好的英语环境，很快就会上道。

如果你决心开始英语学习，就要注意学习方法。你首先要确定什么时间进行学习。是中午休息时抓紧时间学一个小时，还是晚上临睡前学习一阵？对于职场新人来说，每天没有大块的时间来系统学习，所以你可以这样来安排：每天学习课文 1

小时，每周听力练习 4 小时（安排在周末，一天 2 小时），每天开口说英文或者大声朗读英文材料 20 分钟。

你还要考虑，是在电脑前看英语连续剧，还是参加一个口语班?

然后你要谨慎选择一套教材。职场学英语偏重应用，选择一套教材的目的主要是提供一个系统学习的路径，而不是因为这个教材有多好，应该说多数教材都能满足要求，重要的是不能学得太杂，今天看这一套，明天又选择另一套，那样又成了学习“英语知识”而不是学英语了。选择一套教材，坚持学下去，一定会有收获。刘刚为了进入外企后有较好的发展，坚持使用新概念英语系统教材自学，每天保证两个小时，一年后，他的英语水平突飞猛进，令领导和同事刮目相看。

还要注意教材的难易程度，书过难，你在之后的学习中困难太多，导致你很容易放弃；书本过于简单，你学到的知识太少，浪费了时间和精力。

不要再像学校时那样热衷于背单词。有些人喜欢每天背 50 个单词或 100 个单词，觉得这样有成就感。词汇量对于英语学习确实很重要，但是，通过下面的例子，我们要告诉想学好外语的职场菜鸟，只识单词不是英语学习的王道。

比如，make 这个英文单词，小学生都认识，再来看用它构成的句子：I can not make it.这个句子里，每一个单词你都认识，但是你能在正确的场合使用到它吗?

I can not make it.我做不到。

比如：你和客户约了10点在办公室开会，但是堵车，你赶不到了，那就给秘书打个电话吧.I fixed an appointment with customer A at 10:00am.There is a big traffic jam, so I can not make it now.这里，这句话翻译成了：我赶不到了/我会迟到。

又比如：老板问你某项目的进展。你告诉他，因为只剩两天，你完不成了。Two days left only.I can not make it now.这里，这句话翻译成了：我完不成了。

实际上，make的用法远不止于此，它的用法非常灵活和广泛，能表达非常微妙和复杂的意思。我们举这个例子是想说明，词汇量的大小并不是关键。

研究表明：一个人的词汇量在4000左右就可以和老外正常的交流了，重要的是培养自己造句子的能力，能不能用有限的词语造出不同的句子，举一反三，把不同的句子用在不同的场合，再根据自己的生活和工作所需，去补充一些新的单词，理解地记下来，然后使用它们，渐渐地你就具备了驾驭英语的能力，从而快速走出"要学英语，先背单词"这个大大的误区。

口语学习，不要太拘泥于语法。有些人语法不好，分不清楚什么主谓宾、语态、从句之类的语法概念，但是和老外对话时照样侃侃而谈，写英文报告也是头头是道。这些只有语感，不懂语法的人，才是真正的英语达人。相比之下，那些总是在死抠语法的人，以及那些语法不好就羞于开口说英语的人都陷入了一个

误区。

专家们通过多年研究发现:学习的时候要以短语和句子为单位的去理解和学习,培养良好的语感,时间一长就会忘掉那“该死的”语法,出口就是流利地道的英语了。

除了英语学习,还可选择其他语种。

近年来,随着职场竞争的加剧和越来越多的外资企业进驻中国,比如意大利、韩国、葡萄牙、西班牙等等,越来越多的职场新人开始青睐小语种的学习,虽然他们想要学习一门新的语言的想法各不相同,比如为了晋升、出国、多元发展、个人兴趣,等等。但是他们也被许多疑惑困扰着。

目前比较热门的小语种是德语、法语和日语,当然还有意大利语、西班牙语,韩语也很热门,相对来说意大利语、西班牙语的需求要小一些。德语需求大的原因要从企业需求来讲,德企有很多,法企也有一些,但是相对要少一些。对于法语而言,因兴趣而学的人应该说比其他的语种要多一些,因为大家觉得法语是一种浪漫的语言、好听的语言,所以感兴趣人数的比例稍微大一些。日语的需求一直是比较高的,因为日语的市场是很大的。

不过,职场菜鸟在学习这些小语种时应更侧重其实际应用,而不是走马观花,学习了半天,还是一窍不通。

总之,在未来全球化经济浪潮中,外语会逐渐变成一种必不可少的交流工具，而不是特长或者专业技能，对于职场菜鸟来说，绝不可以放弃外语的学习。而学习外语，没有捷径可以走，但一定有方法可以选择，我们为大家推荐的方法只是一个参考，作为菜鸟的你，可以根据自己的情况，找寻出更为个性化的外语学习方法，毕竟适合自己的才是最好的，当然，唯一不变的就是要持之以恒。

第六章

菜鸟上位：成为高手

入职时要对行业有所选择，不能仅仅为了得到工作随便进入一个行业。选择好行业后，对进入什么样级别的公司倒不用太挑剔，否则就真的找不到工作，反正你积累的是这个行业的工作经验，待羽翼丰满后再作打算。

进入一家公司后不要轻易辞职，针对现在职场"草莓族"的说法，你更应该有一股韧劲，不要随大流，好像大家都在跳来跳去的，挺潇洒。其实那种跳来跳去的人都只能得到浅层的经验，在快要深入下去的时候他们又走人了，这样就成为职场上的浮萍。无论您在做什么样的工作，薪酬如何，只要在目前的公司还有一丝希望，就不要轻言跳槽！持续干上三年，才会得到深层的工作经验。

关于职场潜规则，不要把它当宝典，潜规则这种东西，有点像“欲练神功，必先自宫”，在密室里修炼，对自己健康不利。潜规则使出不可见人的招数，虽然有些人可以得到极大的利益，但对于职场菜鸟来说，还是应该学习名门正派，走洒满阳光的职场大道。当然，菜鸟也要了解一些潜规则，在某些潜规则盛行的场合，防备自己被小人伤害。

职场里面有无数大道，你只要充满信心地走下去，坚韧一点、勤奋一点，一定能成为一名职场高手。

当别人说你是“草莓族”

“草莓族”的真正问题是抗压能力差，作为职场新人，不要把辞职当成解决问题的法宝，要慎重对待辞职。

“草莓族”一词最早出自于中国台湾作家翁静玉著的《办公室物语》，形容一些职场新人看似外表光鲜亮丽，“质地”却绵软无力，遇到压力就抵抗不住，变成一团稀泥。他们学历高，但动手能力差，自尊心特强，心理承受力却很低，重视物质与享乐，个人权益优于群体权益。

职场“草莓族”有两个主要特点，一是外表光鲜，二是抗压能力差。这些“草莓族”大多数都是家庭物质条件较为富足，且独生子女较多，从小就“饭来张口，衣来伸手”，被父母呵护备

至，因此很少有真正不顺心的事。因执有高学历和各种证书，所以对生活和工作的期望值较高。涉足职场后，发现现实与期望值不相符时，“草莓族”就会产生心理落差，表现得不尽如人意，也更容易因为工作环境、薪水福利、工作强度等问题而频繁跳槽。

“草莓族”真正的问题是抗压能力差。由于社会氛围和教育的影响，即便是一些家庭条件一般的职场新人，也因为过于强调个人权利，不愿承担压力而频频跳槽。

面对挫折，有的人是情绪应对，有的是努力解决问题。草莓族的特点就是情绪用事，因为草莓的表面疙疙瘩瘩的，看上去蛮有个性。从草莓族延伸出去，还有什么“柿子族”、“榴莲族”，都是情绪化耐压能力差的意思，最糟的是所谓“榴莲族”，表面很硬，还带刺，搞不好会伤人。

25 岁的小陈是家里的独生子，从北京某高校毕业后，应聘成为某网络游戏公司的项目助理。由于业绩突出，得到领导的赏识，不到三个月便成为一个项目的主管，这也让小陈有点飘飘然。然而，在一次开会中，领导和小陈的意见大相径庭，领导当场责备了小陈两句。小陈毫不示弱，当时就和领导提出了辞职。“要我的地方多的是，我何必要听别人的指责！”就这样，小陈离开了才工作几个月的地方。在接下来的日子里，他先后去了 7 家单位，而每家单位待的时间都不超过三个月。小陈给出的离职理由也是五花八门，“钱少、离家远、领导厉害、和同事相处不好”。

小陈面对职场问题，都以情绪方式应对，而且应对的方式都很极端：辞职。辞职这一招，好比武林中的杀手锏，万不得已时才会出手，但这些“草莓族”一出手就用杀招，实在是坏了江湖规矩，老总们拿他们很头疼。有些“草莓族”不服气，说自己表现真性情有什么错，问题是职场有自己的规则，你拿所谓的真性情反过来要求职场，是没有道理的。

所以“草莓族”首先要控制辞职的念头，不要把辞职当成解决问题的法宝，人在职场，会遇到难关，你只能一个个攻克它，如果每遇一个难关你就辞职了事，很快你就会成为辞职大王，也没有人敢用你了。

千万不要当“软蛋”

菜鸟别当“草莓”。菜鸟没有草莓那样光鲜，但比草莓耐用。承认自己是菜鸟，把自己的姿态放低一些，也就给自己更大的上升空间；宁愿当个菜鸟，也不当草莓，让自己更皮实一些，更经得起敲打，让自己在职场中摸爬滚打，练出一身本事。

再退一步讲，当“草莓族”不要紧，别当“软蛋”。

“草莓族”这种说法，针对社会中的某一现象，并不是盖棺论定，这一现象有很多客观因素的影响。社会对“草莓族”是宽容的，希望他们在职场中逐步了解社会、认清自己，改正身上的缺点，草莓一族终究会成长起来。

“软蛋”虽然也表现为不能承受压力，但和“草莓族”有很大区别，扶不起的阿斗就是软蛋，他已经“软”得让人绝望了，这样的人在职场中很难找到前途。一时的草莓没关系，成长总是有过程的，如果没有磨炼和改进，一直草莓下去，最终就会成为软蛋。

从这个角度讲，人在职场，最需要的是勇气，当个菜鸟算什么呢？退一步说，被人叫做“草莓族”也不要气馁，你还有机会，成长的空间还很大，重要的是拿出在职场上走下去的勇气，别成为一个软蛋。

“草莓族”是职场对职场新世代的一种说法，职场新人的抗压能力差是一个事实，但他们同时也表现出其他特质，也有不少优点，职场应该以发展的眼光看待，双方相互磨合。

如果有人说你是“草莓族”，你无须大为光火，不妨反思自己是否真的抗压能力需要加强。

新人应该直面压力，职场也应该针对新人的特点，规则上有所调整，双方互相磨合，而不仅仅是指责和失望：

1.关于工作弹性

对于父母辈认为“生活是为了工作”，新世代的职场座右铭恰恰相反，主张“工作是为了生活”，因而排斥朝九晚五的生活，更渴望生活与工作之间能取得平衡，希望能自由选择工作地点、时间和员工福利；并且渴望有意义、具挑战性与多样化的工作。

此外,新世代也希望主管是根据他们的“具体工作绩效”而非“在办公室露脸的时间”,来评断他们表现的优劣。所以,一些公司采取弹性上班、在家工作、季节性雇用和轮班,应该是合乎潮流的做法。

2.量身打造职场规则

职场新世代的成长过程中,举凡手机铃声、新闻信息等等,都可依个人需求量身打造。因此,他们在进入职场之后,多半希望主管也能进行“量身打造”的管理,将他们视为独立的“个体”,而非一视同仁的“群体”。

有鉴于此,企业应着手规划个人化的学习和发展机会,并且以频繁的非正式讨论,作为绩效考核的依据之一,或是透过开诚布公的对话,改善经理人和部属的关系。愈来愈多证据显示,企业制订“高度个人化”的工作说明书、工作系统、薪酬计划等,往往更能留住人才。

3.企业信息透明度要高

新世代希望在凡事透明的公司工作,有些公司甚至让员工知道财务数据、业务计划、新产品构想、管理阶层薪酬等信息。他们在进入企业上班之前,会先上网搜寻该公司的相关信息,以了解该公司是否曾有任何负面消息。

企业信息的透明度越高、协同工作的成本越低,越能提升部属和经理人之间的互信程度,如此一来,喜好玩弄职场政治的“政客”也能随之减少。

4.企业要有诚信

就像信任是所有网上社区的必要条件一样，新世代期待雇主具有诚信特质——诚实、体贴、透明且信守承诺。

新世代如果发现自己效力的公司具有诚信，不但会以实际成绩做为回报，而且很快就会被其中的经理人深深吸引。

5.协力工作，抗拒发号施令

老一代职场人在充满“层级”的世界中长大——家庭、学校、职场，到处都有层级，设立层级的目的，是让人往上爬。不过，根据新世代在数字世界里所受的教养，他们所知道最好的工作，并不是层级，而是协同工作：和其他人共同完成某件事，而不是对一群人发号施令。

6.工作应该很有趣

老一代职场人或许很难理解，为什么禁止员工上班时间使用 Facebook，竟会引起极大反弹？然而，对新世代而言，工作和娱乐密不可分，多达三分之二的 N 世代认为工作就是享乐，他们只希望工作本身有趣。

因此，与其一味地禁绝新世代的网络行为，企业反而应该逐步建立起新典范。例如，即使你的公司原本严禁员工在上班时间上网，但是你发现业务与网络密不可分，那么就干脆解禁，并发给每位员工一封 E-mail 通知：“去上网吧！因为你必须去那里浪费时间。”

7.亲自动手、接受挑战，才叫有贡献

“创新”是N世代文化的正字标记，75%的N世代喜欢找寻新方法完成工作，也喜欢在办公室发挥创意。年轻员工希望做不一样的事、挑战现况以提升价值，借此了解他们的工作对组织的成功所带来的贡献。

从上面这些可以看出，把如今的职场新世代称为“草莓族”，实在是有些以偏概全，如果有人说你是“草莓族”，你无须大为光火，不妨反思自己是否真的抗压能力需要加强。而更应该反思的，恐怕是那些把新世代称为“草莓族”的人：你是否头脑僵化，不能看到这些新世代身上闪光的一面？不要小看他们，他们的抗压能力差是一时的，但他们身上还有更多的特质和优点。大浪淘沙，适者生存，职场新世代一定会迅速地成长起来，他们将会引导未来的职场规则，带来更具活力更有创造性的职场。

如何进行职业定位

最初进入职场的1到3年左右的时间属于职业探索期，很多人在这个时期内都要尝试不同的职业。不过职场菜鸟要慎重对待自己已经选择的职业，不要抱着什么都可以试一试的想法。

职业定位问题让很多菜鸟感觉迷惘。在最初进入职场的1

到3年左右的时间属于职业探索期，很多人在这个时期内都要尝试不同的职业。也正是由于可尝试的机会太多，可选择的范围太广，反而使很多人变得更加迷茫，觉得无从选择。

很多人由于从事了自己不喜欢或者不适合的工作而选择了跳槽，可跳槽一段时间以后仍然觉得现在的工作不适合自己。就这样，很多人都在以尝试错误的方式寻找着自己的位置。但由于我们的职业生涯周期是有限的，所以客观上不允许我们不断的尝试和探索。

职场菜鸟要慎重对待自己已经选择的职业，不要抱着什么都可以试一试的想法，那种想法太理想化，并不现实。

重要的是选择一个行业，不要在各个行业打临工。

行业确定后，至于进什么样的公司，不必苛求。

大学刚毕业找工作时，老师们和朋友们的建议一般是先就业再择业，因为就业困难，一旦有机会就不放过。作为学生也很慌张，不知道自己能做什么，怕找不到工作，就觉得应该先就业再择业，病急乱投医，什么类型的工作都找，匆匆忙忙地找了家单位就签下来。结果发现自己不适合这份工作。

实际上，大学生择业时不是找一份工作那么简单，择业应该理解为选择就业方向。如果大学生还不了解自己的就业方向，就去工作，往往会积累了不适合自己就业方向的经验。当然，对于运气好的人来说，可能第一份工作就非常适合自己。

所以,最好应该先择业,再就业。择业不是选择一份具体的工作,而是选择适合自己的就业方向。比如你是做买卖还是做技术,你是想进入房地产行业还是进电子工厂,这些你要想清楚。

把你可能的工作方向全列下来,一个人可能的工作方向无非是这几种,已掌握的技能,已有的经验,自己的专业,自己的爱好,自己的特长,小时候的梦想和家人的希望。然后进行综合分析,尽量选择与自己方向符合的工作。

要有明确的定位和目标,不要在各个行业打临工,如果与自己喜欢的行业有能力要求上的差距,可以考虑进行相关行业的培训或进修,增强自己的实力。

即便你现在已经参加工作,也要考虑目前的工作是否与自己的方向契合,目前所处的位置和薪水都不重要,只要方向合适,你就能积累有用的行业经验。如果觉得这不是自己的方向,就得考虑何时退出,或者让自己接受这个工作和行业——世界很多人都干着自己不喜欢的工作,但这并不妨碍他们的生活,生活也许就是这样。

在进入职场的前几年,你要通过摸索和思考,对自己有个清晰明确的认识,明白自己喜欢干什么,最看中什么,适合在职场上干什么行业。明确了自己要进入的行业,至于是什么样级别的公司,不必太苛求,进入一个刚刚建立但是有发展前途的企业甚至比进入世界五百强还要好!你只要积累相关行业的经验,都是有用的。

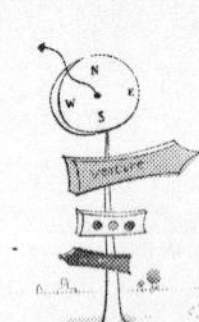

不要花力气去考虑个人职业规划，最好是走一步看一步。

可能有人问你对未来的职业规划，你回答不上来，觉得惭愧，回来后决定花一番力气，为自己制订一个十年或二十年职业规划，遗憾地告诉你，这样做基本是浪费时间。

未来是不可确定的，你的职业规划越详细，越显得荒唐，重要的是做好眼前的事情，同时保持一个开放的自我，不给自己太多限制，向未来敞开自我，走一步看一步。

如何看待职场潜规则

有人说规则是一种制度，潜规则是一种游戏。遵守制度的人，只能被人领导。而读懂游戏规则的人才能活得自由自在，甚至能领导别人。但话也可以这样说，遵守制度的人最终会留在职场上，而游戏职场的人不定哪天就翻船出局了。

下面是一些所谓职场潜规则：

第一条

必须有一个圈子。无论如何做都是画地为牢：不加入一个圈子，就成为所有人的敌人；加入一个圈子，就成为另一个圈子的敌人；加入两个圈子，就等于没有加入圈子。只有独孤求败的精英才可完全避免圈子的困扰——这种人通常只有一个圈子，圈子里只站着老板一个人。

第二条

必须争取成为第二名。名次与帮助你的人数成正比——如果是第一名，将因缺乏帮助而成为第二名；而第二名永远是得道多助的位置，它的坏处就是永远不能成为第一名。

第三条

必须参加每一场饭局。如果参加，你在饭局上的发言会变成流言；如果不参加，你的流言会变成饭局上的发言。

第四条

必须懂得八卦定理。和一位以上的同事成为亲密朋友，你的所有缺点与隐私将在办公室内公开；和一位以下的同事成为亲密朋友，所有人都会对你的缺点与隐私感兴趣。

第五条

必须明白加班是一种艺术。如果你在上班时间做事，会因为没有加班而被认为不够勤奋；如果你不在上班时间做事，你会被认为工作效率低下而不得不去加班。

第六条

必须熟练接受批评的方法。面对上司的判断，认为你没错，你缺乏认识问题的能力；认为你错了，你没有解决问题的能力——接受错误的最好方式就是对错误避而不谈。最后一点，不准和老板谈公正。

第七条

必须明白集体主义是一种选择。如果你不支持大部分人的决定，想法一定不会被通过；如果你支持大部分人的决定，将减少晋升机会——有能力的人总是站在集体的反面。

第八条

必须论资排辈。如果不承认前辈，前辈不给你晋升机会；如果承认前辈，则前辈未晋升之前，你没晋升机会——论资排辈的全部作用，是为有一天你排在前面而做准备。

第九条

必须学会不谈判的技巧。利益之争如果面对面解决，它就变得无法解决；如果不面对面解决，它就不会被真正解决。一个最终原则是，利益之争从来就不会被解决。

第十条

必须理解开会是一种道。道可道，非常道；名可名，非常名。开会不能不发言，发言不能有内容。如果你的发言有内容，最好选择不发言——开会的目的是寻找一个解决问题的方法，在大部分情况下，这个方法就是开会。

第十一条

必须掌握一种以上的高级语言。高级语言包括在中文中夹杂外语、在怒骂之中附送奉承、在表达保密原则同时揭露他人秘密、在黄段子中表达合同意向。语言技巧高是下乘，发言时机好是上乘。使用高级语言但时机不对，不如使用低级语言但时机正确。

第十二条

必须将理财作为日常生活的一部分。主管在身边的时候，要将手机当公司电话；主管不在身边的时候，要将公司电话当私人手机；向同事借钱，不借钱给同事；陌生人见面要第一个埋单，成为熟人后永远不要埋单。最后一点，捐钱永远不要超过你的上级。

第十三条

必须明白参加培训班的意义。培训班不是轻松的春游，它的目的是学习你工作职责之外的知识；由于学习的知识在你工作职责之外，培训班可以当做一次轻松的春游。

第十四条

必须学会摆谱。如果你很靠谱但不摆谱，大部分人都认为你不靠谱。如果你不靠谱但经常摆谱，所有人都认为你很靠谱。

第十五条

必须懂得表面文章的建设性。能做会议幻灯片的，不能私下讨论；可写报告的，不能口头请示，如果一件事你已经完成，但没有交计划书，你等于没有做；如果一件事你没有去做，但交了计划书，你可以当它已经完成——毕竟所有学过工商管理的老板都固执地认为，看计划书是他的事，执行是下面的事。

第十六条

必须与集体分享个人成功。所有人都是蜡烛——要点燃自

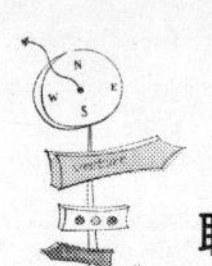

己并且照亮别人，如果你只照亮自己，你的前途将一片黑暗；如果你只照亮别人，你将成为灰烬。

第十七条

必须遵守规则。要成为遵守规则的人，请按显规则办事；要被人认为是一个遵守规则的人，请按潜规则办事。显规则和潜规则往往相反，故当二者发生冲突，按显规则说，按潜规则做，是为最高原则。

看完这些潜规则你有何感觉？所谓潜规则，指的是明文规定的背后往往隐藏着一套不明说的规矩，就是对显规则的策反。所以这些潜规则往往是和你学到的东西背道而行的，你学不会的结果可能是处处吃亏受压，小人得志，人才流泪；但你学会的结果可能是扼杀创造力，内耗生产力，最终损人不利己。潜规则终究是小聪明而不是大智慧。

有人说规则是一种制度，潜规则是一种游戏。遵守制度的人，只能被人领导。而读懂游戏规则的人才能活得自由自在，甚至能领导别人。这话不对，遵守制度的人最终会留在职场上，而游戏职场的人不定哪天就翻船出局了。

除了上面提到的这些，职场上所谓的潜规则还有很多，几乎形成一个潮流，言必称潜规则。显规则是我们大家都能看到的，而且由于社会转型时期，一些显规则处于暂时的失效状态，于是有人拿出潜规则，似乎它才是职场的本质。

潜规则并非职场的本质，虽然它反映出职场的阴暗面，但绝不是主流。

职场菜鸟不要沉湎于潜规则，这里没有韦小宝式的快速发迹之路，真正能让你在职场上走下去的，还是能力和经验的积累，是正面的努力。现在有一些书籍和文章提到职场潜规则，提得多了会给人留下一种印象，好像成功都是从潜规则上入手的。眼光放远一点，社会上那么多成功人士，那么多经理、老板，靠潜规则上位的真正有几个？

我们来看看社会中最大的潜规则——黑社会，这个世界是掌握在黑社会手中还是白社会手中？答案很明显。虽然黑社会也会闹出一些动静，有时也会得到一些利益，但他们永远不会成为社会主流，更多的时候是亡命天涯。潜规则也一样，也许在某些公司、某些场合潜规则风行一时，但你仗着它走不了多远，反而束缚着你。你拿着在小公司得到的潜规则进入外企试试看，保准行不通。你拿着国内得到的潜规则到国外试试看，也行不通。

潜规则的流行，反映的是职场的某种不健康状况，职场新人应该有批判的态度，如果跟随潜规则，以为找到了职场宝典，但终究会碰壁的。

职场新人不应把潜规则奉为宝典，但应该了解潜规则。

一些潜规则反映出职场真实的一面，一些潜规则里也有值得借鉴的职场经验。

比如下面这些“潜规则”，新人们可以体味一番：

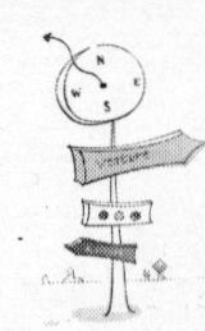

1.不要苛求百分百的公平

显规则告诉我们要在公平公正的原则下做事，潜规则却说不能苛求上司一碗水端平，尤其是老板更有特权。

孙小明刚进公司做计划部主管时，除了工资，就没享受过另类待遇。一个偶然的机会她得知行政主管赵平的手机费竟实报实销，这让她很不服气！想那赵平天天坐在公司里，从没听她用手机联系工作，凭什么就能报通讯费？不行，她也要向老板争取！于是孙小明借汇报工作之机向老板提出申请，老板听了很惊讶，说后勤人员不是都没有通讯费吗？“可是赵平就有呀！她的费用实报实销，据说还不低呢。”老板听了沉吟道：“是吗？我了解一下再说。”

这一了解就是两个月，按说上司不回复也就算了，而且孙小明每月才一百多块钱的话费，争来争去也没啥意思。可是偏偏她就和赵平较上劲了，见老板没动静，她又生气又愤恨，终于忍不住向同事抱怨，却被人家一语道破天机：“你知道赵平的手机费是怎么回事？那是老板小秘的电话，只不过借了一下赵平的名字，免得当半个家的老板娘查问。就你傻，竟然想用这事和老板论高低，不是找死吗？”

孙小明吓出一身冷汗，暗暗自责不懂高低深浅！怪不得老板见了自己总皱眉头！从此她再也不敢提手机费的事，看赵平的时候也不眼红了。

一味追求公平往往不会有好结果，“追求真理”的正义使者也容易讨人嫌，有时候，你所知道的表象，不一定能成为申诉的证据或理由，对此你不必愤愤不平，等你深入了解公司的运作文化，慢慢熟悉老板的行事风格，也就能够见惯不怪了。

2.莫和同事金钱往来

显规则告诉我们同事间要互相帮助团结友爱，潜规则却说不是谁都可以当成借钱人。一种叫做“同事”的人际关系，阻碍了职场里的资金往来。“同事”是以挣钱和事业为目的走到一起的革命战友，尽管比陌生人多一份暖，但终究不像朋友有着互相帮衬的道义，离开了办公室这一亩三分地，还不是各自散去奔东西。

所以如果不想和同事的关系错位或变味，就不要向同事借钱。

3.不要得罪平庸的同事

显规则告诉我们努力敬业的同事值得尊重和学习，潜规则却拓宽了“努力”与“敬业”的外延，说懒散闲在的同事也不能得罪。

原以为外企公司的人各个精明强干，谁知过关斩将的魏莹拿到门票进来一看，哈哈！不过如此：前台秘书整天忙着搞时装秀，销售部的小张天天晚来早走，3个月了也没见他拿回一个单子，还有统计员秀秀，整个儿一个吃闲饭的，每天的工作只有一件：统计全厂203个员工的午餐成本。天！魏莹惊叹：没想到进入了E时代，竟还有如此的闲云野鹤。

那天去行政部找阿玲领文具，小张陪着秀秀也来领，最后就剩了一个文件夹，魏莹笑着抢过说先来先得。秀秀可不高兴

了,她说你刚来哪有那么多的文件要放?魏莹不服气,“你有?每天做一张报表就啥也不干了,你又有什么文件? ”一听这话秀秀立即拉长了脸,阿玲连忙打圆场,从魏莹怀里抢过文件夹递给了秀秀。

魏莹气哼哼地回到座位上,小张端着一杯茶悠闲地进来:“怎么了? 美眉,有什么不服气的? 我要是告诉你秀秀她小姨每年给咱们公司500万的生意……”然后打着呵欠走了。下午,阿玲给魏莹送来一个新的文件夹,一个劲儿向魏莹道歉,她说她得罪不起秀秀,那是老总眼里的红人,也不敢得罪小张,因为他有广泛的社会关系,不少部门都得请他帮忙呢,况且人家每年都能拿回一两个政府大单。魏莹说那你就得罪我呗,阿玲吓得连连摆手:不敢不敢,在这里我谁也得罪不起呀。

魏莹听了,半天说不出话来。

其实稍动脑筋魏莹就会明白:老板不是傻瓜,绝不会平白无故地让人白领工资,那些看似游手好闲的平庸同事,说不定担当着救火队员的光荣任务,关键时刻,老板还需要他们往前冲呢。所以,千万别和他们过不去,实际上你也得罪不起。

4.寻找自己的“贵人”

显规则要求我们努力进取,依靠自己的力量,进行个人奋斗;潜规则说要找到自己的“贵人”,往往上位很快。

其实在显规则里也有这一条,新人应该找到自己的榜样,找到自己的师傅,获得他们的帮助,这没有错。内部拜师的重要性在于：一、可以让你在经验与技能提高上得到许多指点。二、师傅通常是工作时间较长的资深人士，他们对组织中潜规则与隐性陷阱非常清楚，有他们的指点，可以使新人避免蹈入此误区。三、作为资深人士，师傅对某个新人的意见与看法，往往能影响到新人在组织中的命运。

当年李开复刚刚加入微软时，为了尽快与公司中、高层经理达到有效沟通，他强迫自己每天中午约公司一位中层以上经理吃饭，在他主动诚恳的邀约下，绝大多数的经理都如期赴约，双方建立了一种互信基础，这对李开复日后在微软的发展起到了很大的帮助。

当然，寻找“贵人”不是和他们套近乎，企图借他们的“势”，而是立足于学习，最终还得靠自己的实力说话。如果最后因为借“贵人”的“势”而往上走，那是因为他们觉得你得到了真传，而不仅仅是和你关系好。

对职场新人来说，在遇到问题时不要太过于依赖所谓的职场潜规则。在寻找和摸索任何职场规则之前，一定要做到四点：敢于承担责任；吃亏是福；去留随意，既留之则安之；不断学习，终身就业能力是最重要的。

辞职　想清楚了再走

即便不是“草莓族”，职场新人也会遇到辞职的问题，只不过，不像“草莓族”那样情绪用事，碰上一点儿事就辞职，职场上的辞职是一件需要慎重对待的事，不可草率。

辞职的原因分为两种，一种是给自己的，自己为什么想要辞职；一种是给老板的，告诉老板你为什么要辞职。辞职是一种行为，但是两种辞职理由不一样。

在考虑如何向企业提出辞职之前，先要将自己要辞职的真实缘由列出来，看看事情是不是到了非要辞职不可的地步，如果理由是充分的，辞职会带给自己更多大的发展与机会，那么辞职才是应当的。

为什么要辞职？可能不同的人会有不同的原因。导致辞职的原因大致包括以下几方面：

1.有一份更适合自己的工作等着你，就是所谓的“跳槽”

更适合自己的标准有两方面，一方面是工资有相当幅度的提高，一方面是个人的能力可以得到充分发挥。如果单纯是前者的原因，一定要考虑清楚，比如有一个人在一家大型的贸易公司工作，一家规模较小的公司以更高的底薪及更高的提成标准邀请他加盟，过去之后他发现自己的收入不但没有增加，反而是降低了，因为新公司的影响力及实力导致他业绩下降，自然无法获得更高的收入，他悔之不已。

2.准备个人创业

这个原因是最无可厚非的。当然，如果关于创业的计划还没有准备好的时候，不要急于辞职，一边工作，一边筹备自己的创业事宜也是一个不错的方式。

3.对于公司的现状不满意，希望换个环境

人在职场，总会有种心态“自家园里的草不如人家园内的绿”，其实在新的工作没有得到基本确定的时候，不要急于辞职，许多人都是在匆匆辞职之后才发觉原来的企业甚至要更好一些，这就是得不偿失了。

4.因为需要学习、进修而辞职

许多人因为要考研、继续教育、出国而需要辞职，这样的原因无论是企业还是个人，都是可以接受的。

5.因为个人的爱好或特长得不到发挥而辞职

因为这种原因而想要辞职，首先应该明白，在今天的这个社会，许多人的工作都是与个人的爱好与特长无关的，其次你辞职后是不是立刻就有一份可以适合你的爱好，可以发挥你的特长的工作？考虑好之后再去决定是不是要辞职。

6.公司流露出对你不满意的迹象，希望你主动提出辞职

处于这种情况下的人无疑是十分悲惨的，在这种情况下选

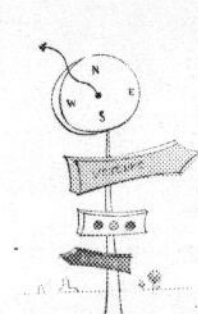

择辞职无疑是一种维护个人尊严的行为，不过要在将自己的下一步安排好之才再考虑辞职，不宜选择匆匆辞职。

7.个人因为在企业犯了错误，觉得无颜面待下去而辞职

有的人因为犯了错误，想赶紧走人了事，虽然这种办法能暂时摆脱困境，但对自己以后求职会有不好影响，最好的办法就是坚持一段时间，等别人渐渐忘记自己的错误后再辞职。

所以，辞职之前，要认真考虑辞职的后果，比如对于自己的发展是不是有利，自己的经济利益会不会受损，在辞职之前，请先问自己这样几个问题：

1.辞职是唯一的解决办法吗？有没有比辞职更好的办法？

2.辞职是主动的，还是被动的？

3.辞职是不是只是因为受了别人影响？

4.辞职是不是只是一时心血来潮？

5.辞职之后你的现状是不是会得到改善？

6.有没有考虑辞职的成本？

回答完这几个问题，在综合分析各方面因素并权衡利弊后，你仍然做出辞职的决定，那就可以着手辞职事宜了。

辞职不应该念头一起就走人，要选择合适的时机，以合适的理由，选择合理的辞职方式，这样自己的辞职才会得到公司的理解，给人家留下一个好印象，给自己留下一个好心情。

合适的时机就是说辞职的时候，不会给公司造成损失，同时也不会让自己的利益受损，比如，公司交给你的项目进行了一半，你一走公司抽调人手有难度，在这个时候辞职就给公司带来了麻烦，老板肯定心里会不高兴。你不如再干一个月，把这个项目漂漂亮亮地完成，双方和和气气地说再见。再比如，你是在 11 月份提出的辞职，你就要损失全年的奖金，不如干到春节，拿到全年奖金后再辞职。

合适的理由就是让公司比较接受的理由，这些理由是公司通常愿意接受的：考研、进修、出国接受教育，与家人团聚、照顾家人，身体不适，个人原因，想要面对更大挑战等。一些对企业不利的辞职理由则应该避免，比如不适应企业管理、薪酬太低、人际关系太复杂。

合理的辞职方式就是按照企业规定的辞职方式提出辞职，辞职所采用的方式是企业所接受的，比如写辞职信，E-mail 辞职，或者与负责人私交不错，那么只需要口头提出也可，不要采用先离开再通知的方式。人在职场也应该养成良好的习惯，尊重给予我们工作机会的企业或个人，无论是在求职时，还是辞职时，也因为你曾经有过的这段工作经历将会记录进你的履历中，而且你永远也不知道何时会需要前任上司的介绍信或帮助。

辞职信不要写成长篇大论，只要结构清晰、简明扼要地将所有重要信息描述清楚即可。以下是一些建议：

1.抓住重点。在辞职信的开头要直接表明辞职的意图，说明你辞职的原因。

2.说明个人打算离开的时间。一般提前2~4周或根据企业规定时间提出辞职。

3.对过去接受的培训、取得的经验或者建立的关系向公司表示感谢。

4.辞职信应该标明提出辞职的时间。

看看下面这个辞职信的范例：

尊敬的×经理：

您好！

经过深思熟虑，我决定辞去我目前在公司所担任的职位。通过这段时间的工作，感到自己能力的欠缺和知识储备不足，我打算重返学校进修，多学一些专业知识。

我考虑在此辞呈递交之后的2~4周内离开公司，这样您将有时间去寻找适合人选，来填补因我离职而造成的空缺，同时我也能够协助您对新人进行入职培训，使他尽快熟悉工作。另外，如果您觉得我在某个时间段内离职比较适合，不妨给我个建议或尽早告知我。

我非常重视我在公司工作内的这段经历，也很荣幸自己成为过公司的一员，我确信我在公司里的这段经历和经验，将为我今后的发展带来非常大的帮助。

×××

2010年3月1日

辞职过程中要注意的一些事项。

1.写辞职信并不是写辞职申请，申请是要双方达成一致才有效的，也就是说企业批准了你的申请，你才可以辞职，而劳动法赋予的辞职权是绝对的，辞职信其实是一种通知，告诉企业你将在三十天后解除劳动合同，离开企业，不需要企业批准，当然如果企业同意你提前离开就另当别论了。

2.不要在辞职信中透露个人的不满情绪，如果辞职的意见非常大，一定要反映出来，不妨采用面对面交谈的方式，在白纸黑字上面写出自己的愤怒是不恰当的。

3.在作出辞职的决定或者办理辞职的过程中，不要在企业大肆宣扬个人要辞职的事情，不要散布一些对企业不利的言论，反正都要离开了，留一个好的印象给企业，总比留一个不好的印象好一些。

4.站好最后一班岗，在离开企业的最后时间里，你仍是企业的一员，尽自己所能做好自己的工作，协助企业做好交接。

5.过往的就职经历是我们人生的宝贵财富，而且不定在什么时候我们可能需要原来的企业为我们写推荐信或介绍信，新的企业也许会打电话到过往企业了解我们的工作情况，因此要保持与原就职企业的良好关系。

6.在你开始新的工作后，你可以给你的前任老板或同事发一封信，告诉他们你现在的有关信息，这样你们可以保持联系并建立牢固的关系。

7.许多人辞职离开原有企业是犹豫不决的，渴望从事新的工作，又担心新的工作不如原有的工作，在这种情况下辞职可以采用这种方式辞职，以身体健康或短期培训的理由向企业提出辞职，保持好与原企业的关系，留有余地，如果新的企业无法让自己满意，就可以以身体已经完全康复或者培训已经结束的理由尝试与原企业联系，如果你是不可或缺的，自然可以得到重新工作的机会。当然，最好不要采用这种方式，毕竟这是一种非诚信的行为。

告别菜鸟　成为高手

没有不合理的职场，只有不合理的心态。

古代有一个皇帝做了一个奇怪的梦，醒来对妃子说："我梦见江河的水都干枯了，山也平塌了，这作何解？"他的妃子说："不好了，古语说，皇权、天下是舟，百姓是水，水能载舟，亦能覆舟，说的正是皇权与百姓的关系。水干了，船如何行得？山，象征江山与皇权，山都平了，是否皇权将危？"于是，皇上整天苦思冥想，到底问题出在哪儿？是否有人要反叛、夺权？皇帝忧心忡忡，最后，一病不起。一位大臣来晋见皇上，叩问："皇上缘何如此憔悴？"皇上告知大臣自己的担心，只见这位大臣连连道喜："恭喜陛下，此梦乃大吉之梦也。所谓山平了，正合'天下太平'之意，江河水干了，真龙就要现身啦，您可是真龙天子啊！"皇帝一听，觉得大臣讲得更有道理，顿时精神焕发，病很快就痊愈了，后来专心治理朝政，国家日渐富强。

同一件事，用悲观、乐观的不同心态去看待，结果截然相反。新人们满怀理想而来，结果发现自己的职位是最低的，收入是最少的，没有什么发言权，感叹"现实的残酷"。其实不是现实残酷，现实原本如此，一个企业的生存、发展，自然有它的道理，新人要注意调整自己的心态，换一个公司，不如换一种心态。你不能改变职场，你只能改变自己。

关键时要敢于冒险。

任何时候都不要失去梦想，那是前进的动力源泉。有了梦想，同时还需要有实现梦想的勇气，关键时候要敢于冒险。

我们来看看电影《功夫熊猫》阿宝的出场秀吧——

熊猫阿宝本来是在选秀大会上卖面条的，但他是个狂热的功夫粉丝，他熟知五大高手的成功案例，甚至收藏了五大高手的玩偶，每天都在做能够与高手比肩的梦。比武大会上他勇敢出击，大门紧闭、爬墙失败、攀树不成，这都不是问题，只要坚持，只要有勇气，就会有被发现的机会。当阿宝乘坐花炮椅出现在众人面前，机会从天而降。

俗话说，无限风光在险峰。在职场中，有时往往机会与挑战

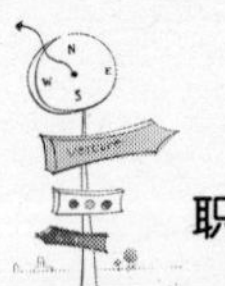

并存，如果犹豫不决，瞻前顾后，往往会错失良机。

成为高手，而不是"老鸟"。

所谓职场"老鸟"，就是那种没有责任心，不愿努力做事，手上真本事没有，肚子里潜规则倒不少的人，也可以叫他职场混混。

进入职场几年，自己的一些毛病没有改正，这个公司待一阵，那个公司待一阵，由于有一定职场经验，也能办点事，却始终没有突破，对未来也不能保持信心，一个菜鸟可能就此沦为职场混混。

职场高手绝不是靠潜规则上位的人，那样的人或许应该去当政客。但是要成为职场高手，还应该学习潜规则，了解潜规则，高手知道潜规则是怎么回事，只是不轻易向潜规则屈服，也不使用潜规则伤害别人，同时尽量避免潜规则的伤害。

如果遇到完全靠潜规则才能生存下去的场所，不妨离开。职场终究是一个生产和创造的场所，是为人类提供生存基础的伟大场所，岂是潜规则所能主宰的?

要成为职场高手，就要始终保持一颗上进的心，把眼下的事情做好，对未来充满期待，绝不停下学习的脚步，虽然人生只有短短几十年，却有一种永远学下去的劲头。

还要保持一颗纯粹的心，跟随名门正派学习最纯正的技艺，磨炼自己的意志，克服种种人性的弱点，做一个堂堂正正的职场人。

后记

职场菜鸟的惶恐是真实的，他们也希望得到有用的指导，现在很多职场书籍把职场神秘化妖魔化，反而加剧了职场菜鸟的惶恐。

如果你是职场菜鸟，应该正视初入职场的惶恐心理，没什么大不了的。小孩初进幼儿园，头一两天，谁不是哭得稀里哗啦的，但过一阵子，都会习惯的，大街小巷，到处都有小手牵着爸妈，快快乐乐回家的小孩。职场菜鸟不过在更高的层面重复这一情景，第一年你必定是个菜鸟，到第三年，你回头想想就会觉得好笑，那些风风雨雨，都是免不了的。

所以，“菜鸟”是个中性词，是从时间维度上对人的区分，并非一种价值评判。菜鸟跟着时间走，在自己的经历中品味事物的肌理，自有水到渠成之时。

这本书不会事无巨细地告诉职场新人该怎样做，那会限制他的发展，而是通过一些细节让新人感受到真实的职场，从而领会职场中一些必须遵守的原则。细节可以自己去丰富和补充，而原则必须敬畏和遵守。职场上的成功者，往往不是最有技巧的人，而是最有原则的人。

本书拒绝啰唆，相信职场新人的领会能力，以面带点，很多东西都是指出问题所在，更深的东西则需要新人在实践中去体会，比如拖延症，职场新人往往因为对成功信心不足，以及目标和报酬不匹配，被上司委派讨厌的任务等等原因，很容易染上互联网时代愈演愈烈的拖延症倾向，但另一方面，你又可以通过拖延行为发现自己是否真的喜欢这份职业，从而及早选择新的职业方向。

本书得以出版，很多人付出了艰辛的努力，在此向他们致以崇高的敬意和衷心的感谢。

感谢重庆出版社的各位领导和老师的指导和帮助，尤其感谢陶志宏、饶亚两位主任，何晶编辑；感谢北京光辉书苑文化传播公司的石恢先生、于始先生、王玮女士、孟微微女士、陈文龙先生、王晖龙先生，感谢他们对本书的选题策划、资料收集和内容编撰，提出了很多建设性意见，本书的顺利出版离不开他们的大力支持！

本书在写作过程中，还得到以下朋友的关心和帮助，在此一并向他们致以诚挚的谢意：肖燕、金利杰、赵智楠、张贤、方清、欧阳秀娟、周会娟、韩佳媛、张思博、金西东、史丹于、李红、许丹、孙丽丽、李青云、陈炫、刘亚争、李建芳、李萍等。

编　者

5月10日